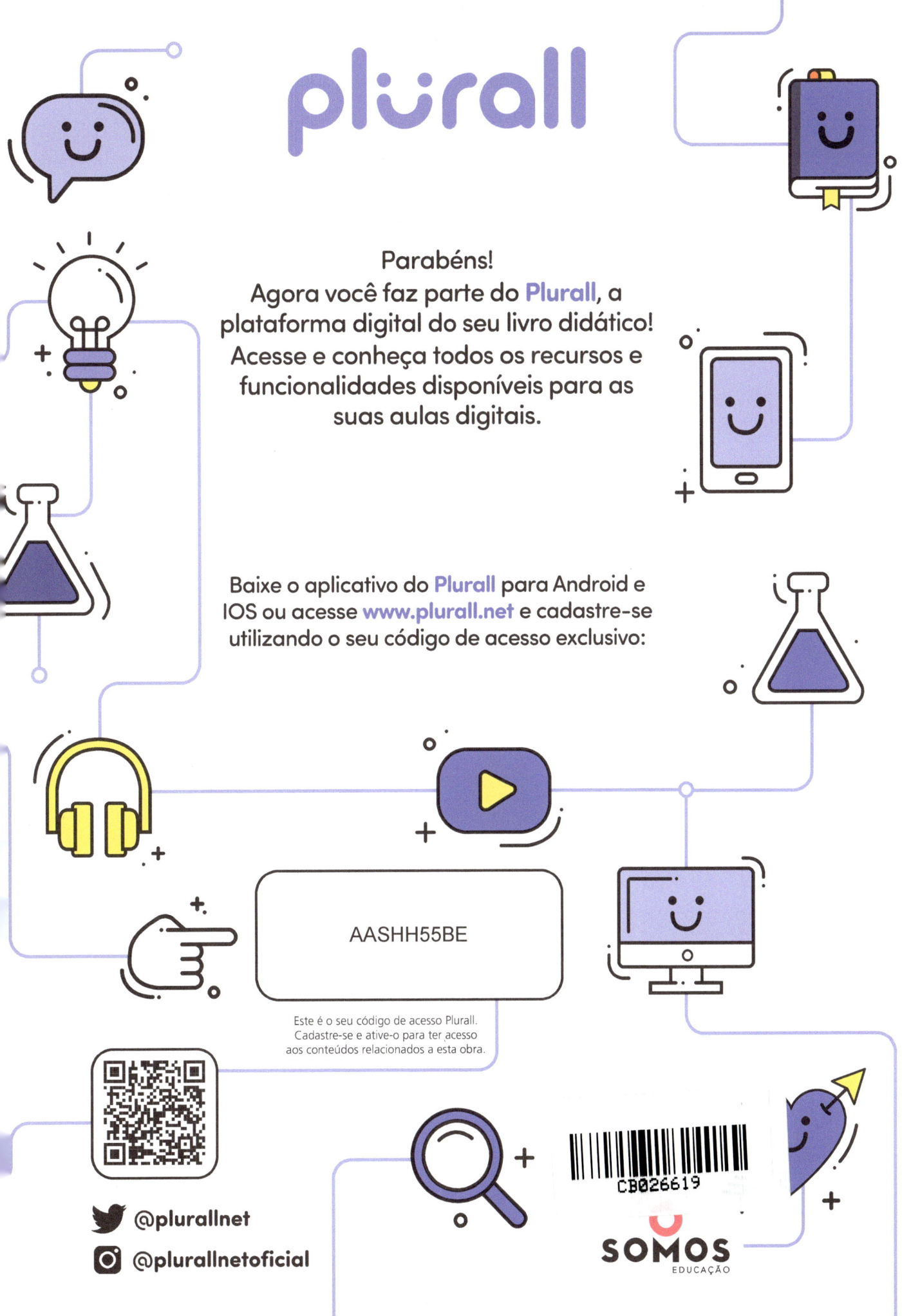

DESENHO GEOMÉTRICO
Ideias e imagens

8 ANO

Sonia Maria Gonçalves Jorge

Licenciada em Desenho e Plástica pela Universidade Estadual Paulista "Júlio de Mesquita Filho" (Unesp-SP), em Educação Artística pela Faculdade de Belas Artes de São Paulo e em Pedagogia pela Universidade do Sagrado Coração (Bauru-SP).

Editora Saraiva

Direção Presidência: Mario Ghio Júnior
Direção de Conteúdo e Operações: Wilson Troque
Direção editorial: Luiz Tonolli e Lidiane Vivaldini Olo
Gestão de projeto editorial: Mirian Senra
Gestão de área: Julio Cesar Augustus de Paula Santos
Coordenação: Marcela Maris
Edição: Enrico Briese Casentini, Kátia Takahashi e Thais Bueno de Moura
Planejamento e controle de produção: Patrícia Eiras e Adjane Queiroz
Revisão: Hélia de Jesus Gonsaga (ger.), Kátia Scaff Marques (coord.), Rosângela Muricy (coord.), Aline Cristina Vieira, Ana Maria Herrera, Ana Paula C. Malfa, Arali Gomes, Brenda T. M. Morais, Carlos Eduardo Sigrist, Cesar G. Sacramento, Daniela Lima, Diego Carbone, Gabriela M. Andrade, Heloísa Schiavo, Hires Heglan, Kátia S. Lopes Godoi, Lilian M. Kumai, Luciana B. Azevedo, Luiz Gustavo M. Bazana, Luís M. Boa Nova, Marília Lima, Maura Loria, Patricia Cordeiro, Paula T. de Jesus, Raquel A. Taveira, Ricardo Miyake, Sandra Fernandez, Vanessa P. Santos; Amanda T. Silva e Bárbara de M. Genereze (estagiárias)
Arte: Daniela Amaral (ger.), André Gomes Vitale (coord.) e Renato Neves (edição de arte)
Diagramação: WYM DESIGN
Iconografia e tratamento de imagem: Sílvio Kligin (ger.), Roberto Silva (coord.), Tempo Composto Ltda. (pesquisa iconográfica); Cesar Wolf e Fernanda Crevin (tratamento)
Licenciamento de conteúdos de terceiros: Thiago Fontana (coord.), Flavia Zambon (licenciamento de textos); Erika Ramires, Luciana Pedrosa Bierbauer, Luciana Cardoso Sousa e Claudia Rodrigues (analistas adm.)
Ilustrações: Adilson Secco, Adolar, Luiz Rubio, Mauro Nakata e Raitan Ohi
Cartografia: Eric Fuzii (coord.), Alexandre Bueno (edit. arte)
Design: Gláucia Koller (ger.), Luís Vassallo (proj. gráfico e capa) e Erik Taketa (pós-produção)
Foto de capa: Jerry Nicholls/Moment RF/Getty Images

Todos os direitos reservados por Saraiva Educação S.A.
Avenida das Nações Unidas, 7221, 1º andar, Setor A –
Espaço 2 – Pinheiros – SP – CEP 05425-902
SAC 0800 011 7875
www.editorasaraiva.com.br

Dados Internacionais de Catalogação na Publicação (CIP)

```
Jorge, Sonia
   Desenho geométrico 8º ano / Sonia Jorge. - 6. ed. - São
Paulo : Saraiva, 2019.

   Suplementado pelo manual do professor.
   Bibliografia.
   ISBN: 978-85-472-3699-1 (aluno)
   ISBN: 978-85-472-3700-4 (professor)


   1.    Desenho geométrico (Ensino fundamental). II.
Título.

2019-0137                                    CDD: 372.7
```

Julia do Nascimento - Bibliotecária - CRB-8/010142

2022
Código da obra CL 800948
CAE 649683 (AL) / 649684 (PR)
6ª edição
4ª impressão
De acordo com a BNCC.

Impressão e acabamento: Forma Certa Gráfica Digital

Uma publicação

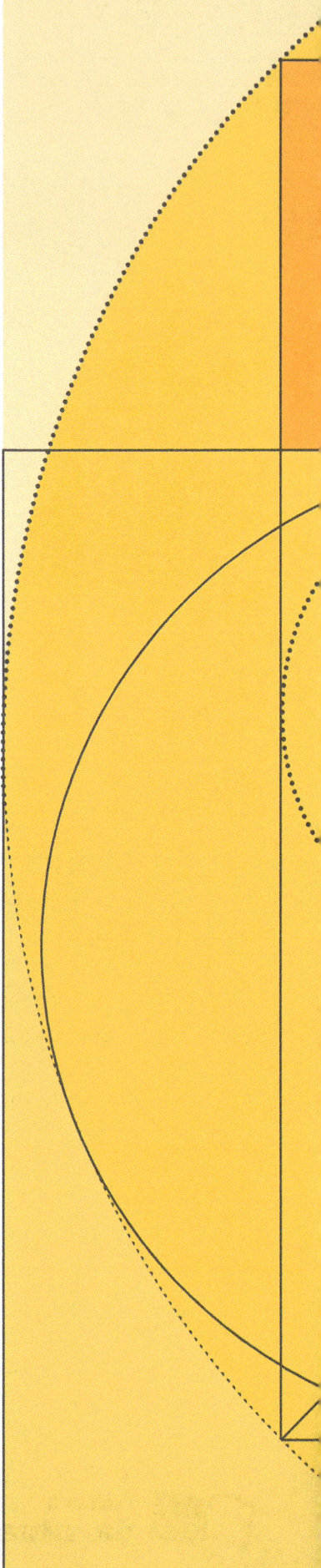

Caro estudante,

Vamos continuar a nossa viagem?

Este livro vai estar ao seu lado no percurso dos caminhos do conhecimento em Desenho Geométrico (D.G.), ajudando-o a aprender e incentivando-o a fazer experiências, reflexões, deduções, descobertas, enfim, a tecer você mesmo sua teia de saberes.

Neste ano, você vai aprender mais sobre as figuras geométricas e vai conhecer um método de trabalho que o ajudará a desenhá-las com organização, segurança e precisão. Se precisar recordar alguma construção que porventura tenha esquecido, no capítulo 8 deste livro você encontrará uma revisão das construções fundamentais do D.G. Você também poderá explorar o mundo das figuras geométricas em 3D para melhor interpretar o mundo real.

O estudo do D.G., mais do que a aquisição de uma linguagem para compreender e se comunicar com o mundo, é uma excelente oportunidade para desenvolver sua imaginação espacial e seu raciocínio lógico. Vale ser curioso: há muito o que descobrir. Vale se dedicar, o benefício será todo seu.

Desejo a você um excelente ano de trabalho e que se divirta com as atividades, porque, mais que tudo, o saber é uma fonte de prazer.

Felicidades!

Sonia Jorge

Conheça seu livro

Você foi convidado a viajar pelo mundo do Desenho Geométrico tendo este livro como guia. Saiba o que ele oferece a você.

Abertura de capítulo
Imagens acompanhadas de um breve texto trazem ideias, situações e aplicações práticas do tema do capítulo.

Olhando ao redor
Relaciona as aplicações do Desenho Geométrico à vida cotidiana, abordando questões ambientais, de cidadania, trabalho, arte, cultura, etc. Como esse estudo pretende ser uma fonte de prazer, divirta-se com as atividades e socialize seus conhecimentos.

De olho na mídia
Notícias de jornais, revistas e internet originam propostas de atividades que o levam a pensar além do conteúdo do capítulo.

Você sabia?
Ampliando o tema, este boxe traz curiosidades e outras informações.

Compreendendo ideias
Esta seção é um convite para observar, experimentar, analisar, comparar, deduzir, enfim, para fazer as próprias descobertas e compreender as ideias que fundamentam as propriedades geométricas.

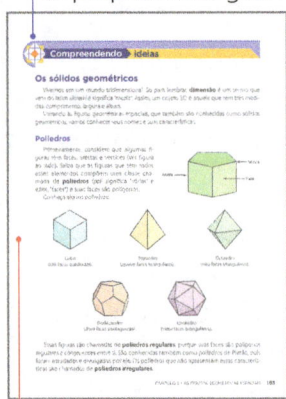
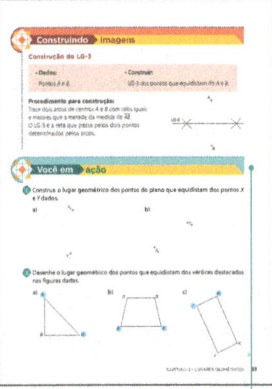
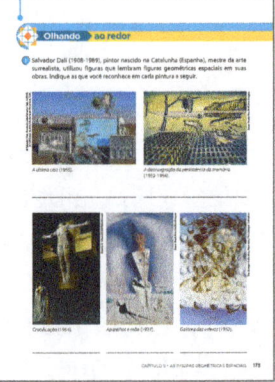
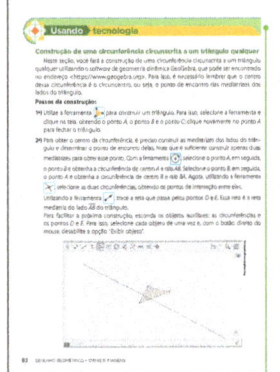

Usando tecnologia
Propõe a utilização de ferramentas tecnológicas, como o *software* de Geometria dinâmica GeoGebra, em construções geométricas.

Construindo imagens
Você quer recordar como se desenha? Aqui você encontra o passo a passo de algumas construções. Use o campo "Para você construir" para desenhar, acompanhando a explicação do professor.

Glossário
Organiza os símbolos para que você encontre o significado deles com facilidade.

Atividades para revisão
Traz atividades que revisam os conceitos estudados.

Desafio
Apresenta atividades ou jogos que devem ser trabalhados em grupos.

Você em ação
É fazendo que se aprende. Portanto, empenhe-se na resolução dos exercícios e dos problemas. Eles vão ajudá-lo a fixar e aprofundar o conteúdo, incorporando conhecimentos. Não deixe de fazer as atividades de revisão do final do livro.

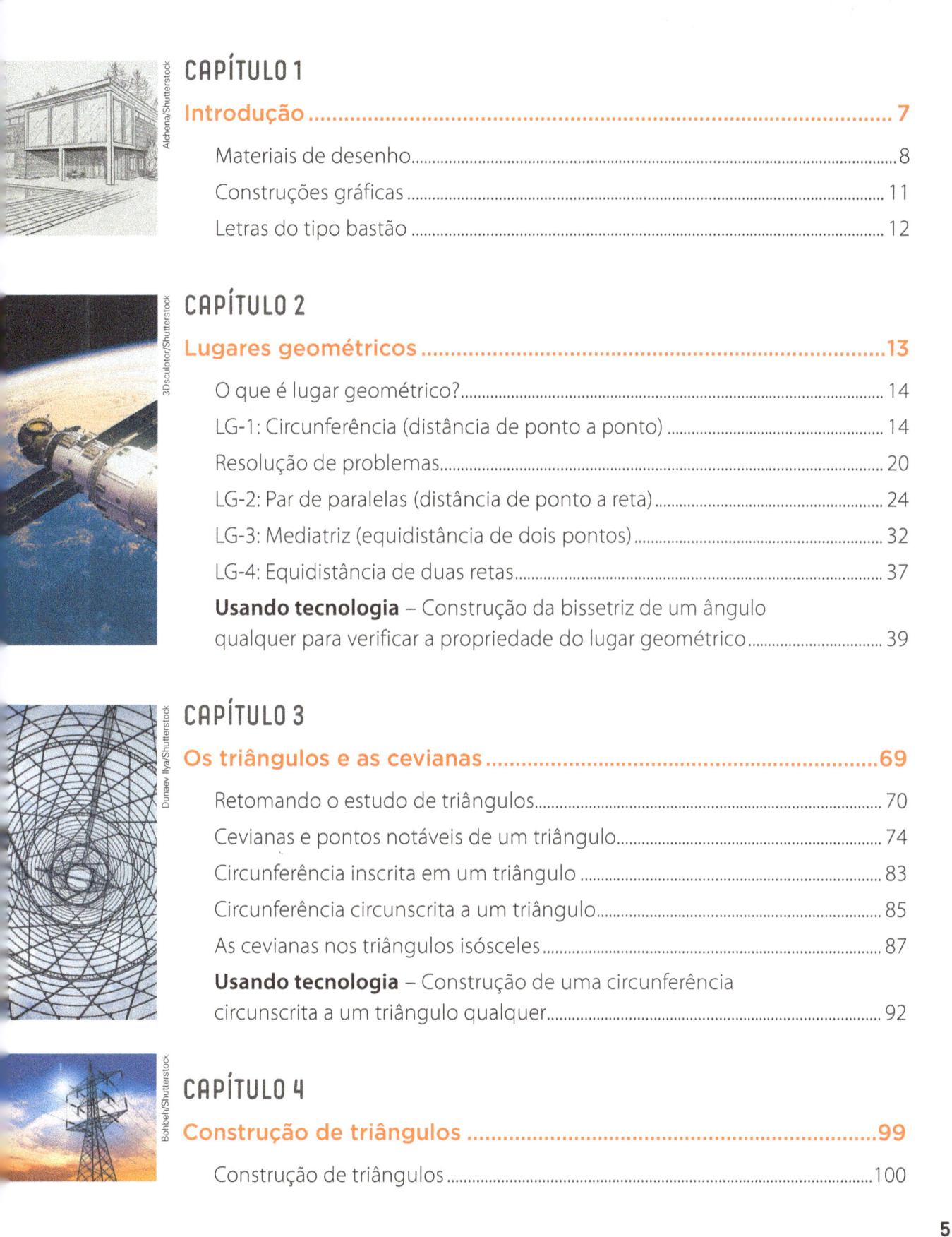

Sumário

CAPÍTULO 1

Introdução 7

    Materiais de desenho 8

    Construções gráficas 11

    Letras do tipo bastão 12

CAPÍTULO 2

Lugares geométricos 13

    O que é lugar geométrico? 14

    LG-1: Circunferência (distância de ponto a ponto) 14

    Resolução de problemas 20

    LG-2: Par de paralelas (distância de ponto a reta) 24

    LG-3: Mediatriz (equidistância de dois pontos) 32

    LG-4: Equidistância de duas retas 37

    Usando tecnologia – Construção da bissetriz de um ângulo qualquer para verificar a propriedade do lugar geométrico 39

CAPÍTULO 3

Os triângulos e as cevianas 69

    Retomando o estudo de triângulos 70

    Cevianas e pontos notáveis de um triângulo 74

    Circunferência inscrita em um triângulo 83

    Circunferência circunscrita a um triângulo 85

    As cevianas nos triângulos isósceles 87

    Usando tecnologia – Construção de uma circunferência circunscrita a um triângulo qualquer 92

CAPÍTULO 4

Construção de triângulos 99

    Construção de triângulos 100

Sumário

CAPÍTULO 5
Quadriláteros 120
Retomando o estudo dos quadriláteros 121
Trapézio 128
Paralelogramo 135
Retângulo 141
Losango 146
Quadrado 151

CAPÍTULO 6
Figuras geométricas espaciais 162
Os sólidos geométricos 163
Planificação da superfície de sólidos geométricos 166

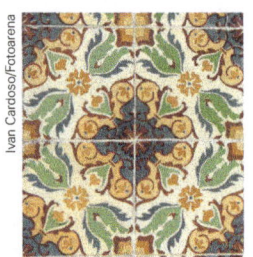

CAPÍTULO 7
Composição de transformações geométricas 182
Relembrando alguns conceitos de transformações geométricas 183
Composição de transformações geométricas 185
Usando tecnologia – Construção de um polígono estrelado 187

CAPÍTULO 8
Construções fundamentais em Desenho Geométrico 198
Construções fundamentais 199
Escala 208
Equivalência de medidas 209

Glossário 210

Atividades para revisão 213

Desafio 215

Referências bibliográficas 216

CAPÍTULO 1

Introdução

Você já percorreu boa parte do caminho rumo ao conhecimento em Desenho Geométrico, mas ainda tem muitos desafios a enfrentar. Nesta aventura cheia de surpresas, é preciso contar com bons aliados.

Os instrumentos de desenho que você já maneja com destreza e as habilidades manuais cada vez mais refinadas poderão contribuir para que você seja um excelente desenhista. Fique atento às orientações deste capítulo.

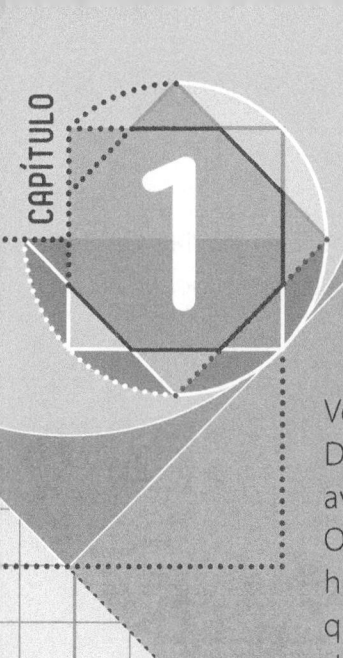

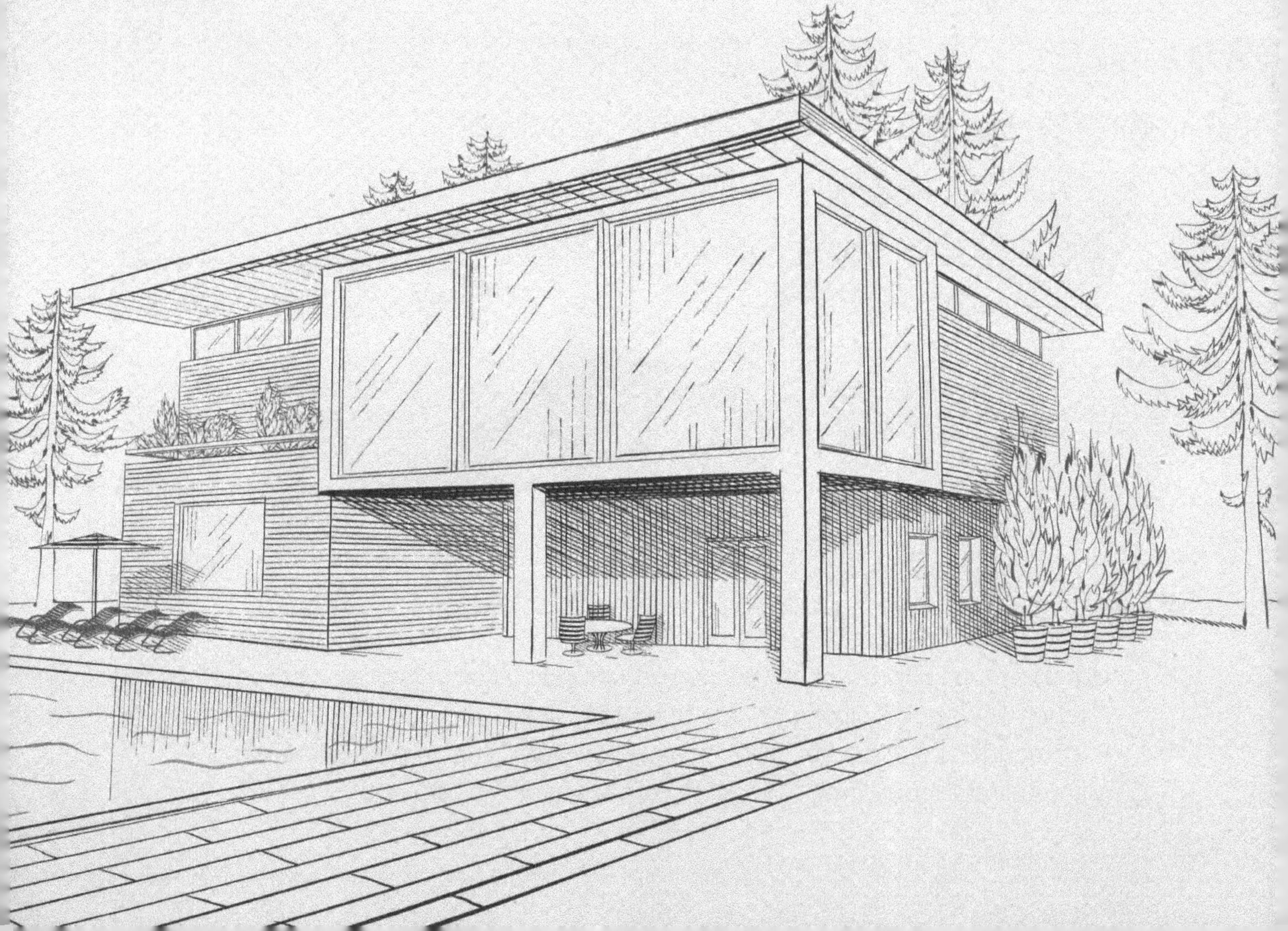

Alchena/Shutterstock

Materiais de desenho

Todo desenhista deve conhecer bem e manusear com muito cuidado o material com o qual trabalha. Para conservar seu material, use-o corretamente, limpe-o periodicamente e proteja-o quando for transportá-lo.

Lápis e lapiseira

Lápis e lapiseira são usados para desenhar e escrever. As lapiseiras para grafites 0,7 mm e 0,5 mm são as mais comuns.

A **grafite**, ou **mina**, é classificada de acordo com o grau de dureza. Observe:

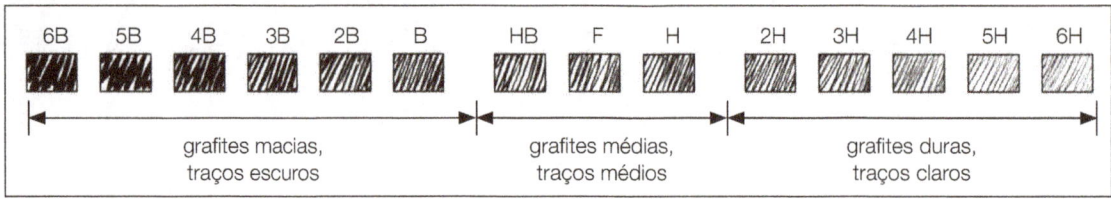

Para desenhar, utilize duas graduações de grafite:

- média (HB ou F), para traços de pouco realce, como as construções auxiliares;
- macia (2B), para destacar as respostas.

Para escrever, use grafite média (HB ou F) ou macia (B ou 2B), como preferir.

O lápis deve ser apontado e sua grafite, lixada em forma de cone.

Régua

Usa-se a régua para desenhar traços retos e medir o comprimento de segmentos de reta. A régua deve ser transparente para que você possa ver o que está desenhando. Recomenda-se a régua de 20 cm cuja graduação não se apaga facilmente.

Mantenha sua régua limpa, lavando-a com água fria ou lustrando-a com uma flanela seca.

Lápis e régua: use-os corretamente

Coloque o lápis em posição vertical e deslize sua ponta pela borda baixa da régua (Figura 1). Os movimentos mais seguros vão de cima para baixo e da esquerda para a direita (Figura 2).

Para os canhotos é mais apropriado traçar da direita para a esquerda, o que lhes permite visualizar o traço enquanto este é feito.

Ao fazer desenhos com caneta, use a régua ao contrário para evitar que o traço borre (Figura 3).

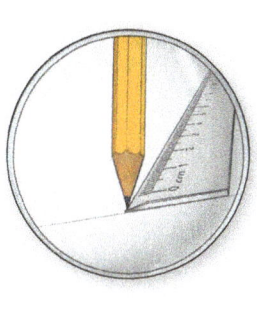
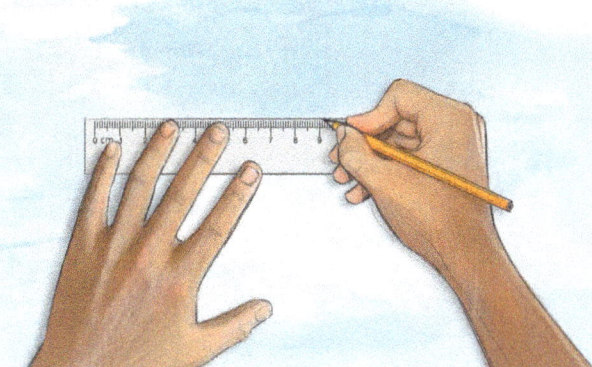
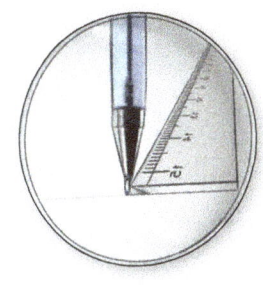

Figura 1   Figura 2   Figura 3

Par de esquadros

O par de esquadros é usado para traçar retas paralelas e perpendiculares.

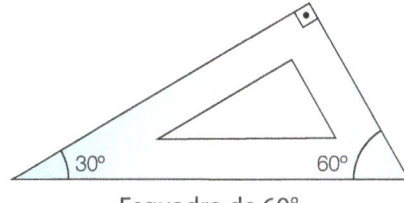
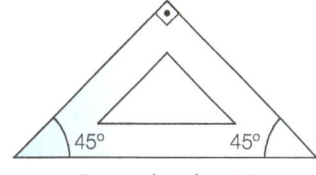

Esquadro de 60°   Esquadro de 45°

Os dois instrumentos devem ser usados juntos: um permanece fixo (apoio) e o outro se desloca apoiado nele. Veja na figura abaixo qual deve ser a posição das mãos em relação ao par de esquadros.

Os esquadros são laváveis. Mantenha-os limpos usando apenas água e sabão.

CAPÍTULO 1 • INTRODUÇÃO

Borracha

As melhores borrachas para apagar erros de desenhos a lápis são as bem macias ou as sintéticas. Para limpá-las, nunca as lave; basta esfregá-las em papel grosso ou em tecido.

Compasso

Usa-se o compasso para traçar circunferências e transportar medidas.

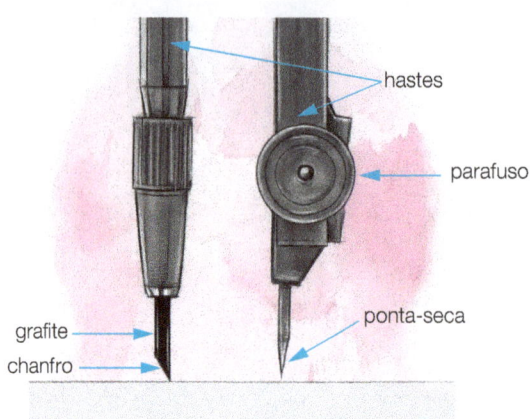

Para obter melhor resultado nos traçados feitos com o compasso, devemos tomar os cuidados a seguir.

- A grafite deve ter o chanfro voltado para fora e estar sempre no mesmo nível que a ponta-seca, de metal (Figura 1). Aponte-a com lixa.
- As hastes devem estar firmes.
- Para dar ao compasso uma abertura medida na régua, apoie a régua na mesa, coloque a ponta-seca do compasso no zero da graduação e afaste a outra haste (Figura 2).
- Ao executar o traço, segure o pino superior apenas com o polegar e o indicador (Figura 3).
- Mantenha o compasso na posição vertical e gire-o sempre no mesmo sentido – preferencialmente no sentido horário (Figura 3).
- Faça um movimento firme para obter um traçado uniforme.
- Recomenda-se usar grafite macia (2B).

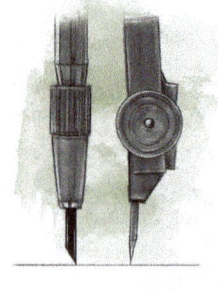

Figura 1

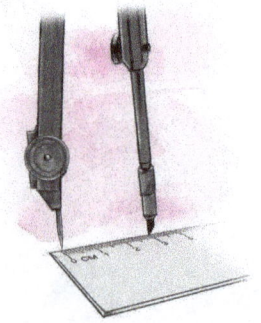

Figura 2

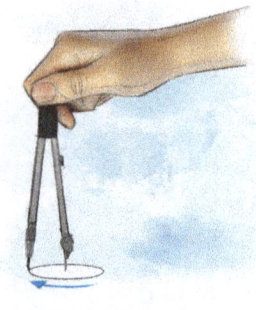

Figura 3

Construções gráficas

Com base neste livro você fará muitas construções utilizando os instrumentos clássicos do Desenho Geométrico: a régua e o compasso.

Essas construções devem ser precisas, limpas e organizadas. Assim:

- confira se seus instrumentos se encontram nas condições recomendadas e segure-os na posição correta;

- execute as operações gráficas (traçados de retas e de arcos) com muito cuidado. Assim, ao traçar uma reta, posicione a régua exatamente sobre os dois pontos que a determinarão e, ao traçar arcos, coloque a ponta-seca do compasso rigorosamente no centro do arco;

- como os pontos sempre são obtidos pelo cruzamento de duas linhas, eles ficarão mais bem definidos quanto menos oblíquas forem as linhas;

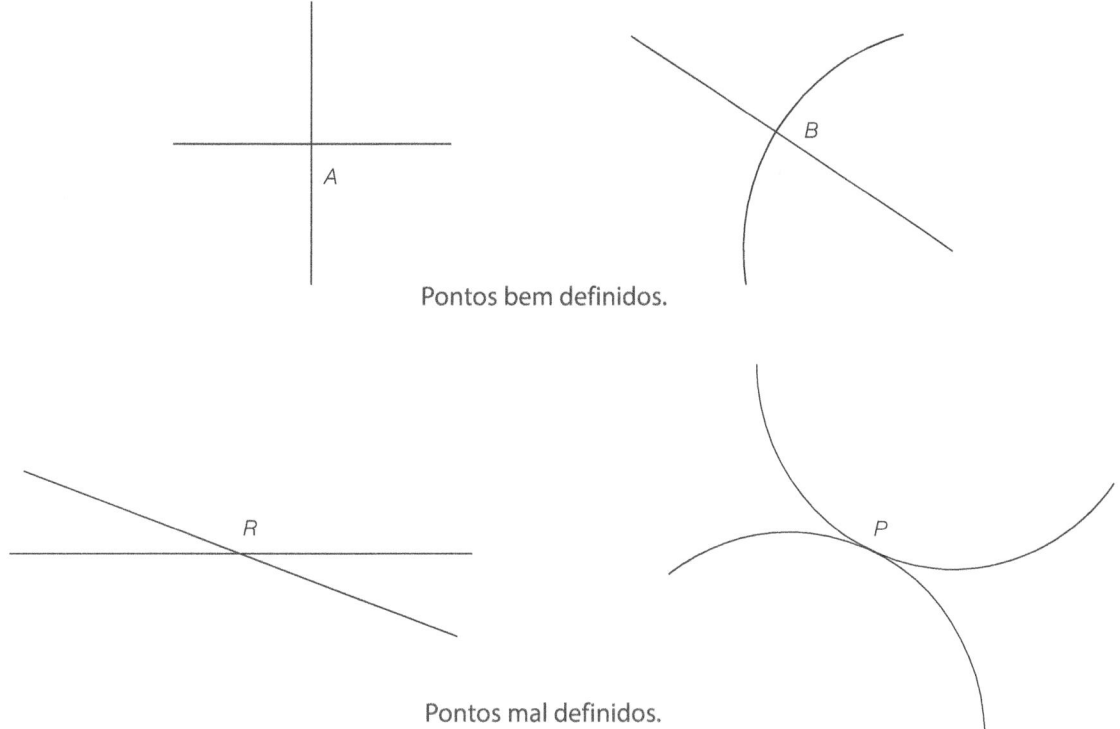

Pontos bem definidos.

Pontos mal definidos.

- execute os traços de uma só vez, com firmeza e segurança, exercendo a mesma pressão em toda a sua extensão;

- nas construções de figuras, faça distinção entre as categorias de linhas: as principais (respostas) devem ser feitas com traços mais fortes; as secundárias, em traço médio; e as linhas auxiliares (como as usadas para construir perpendiculares, paralelas e ângulos, por exemplo), com traço bem fraco. Dessa forma, a visualização da construção pronta ficará bem melhor;

- analise o espaço disponível para posicionar os dados antes de iniciar a construção das figuras, para garantir que o desenho caiba nele;

- por fim, capriche nos traçados para obter desenhos cada vez melhores.

Letras do tipo bastão

Um bom desenho exige uma boa letra. A escrita uniforme, com letras legíveis, valoriza o seu desenho, pois o torna organizado e estético.

As letras do tipo bastão são usadas pelos desenhistas por serem de fácil execução e leitura, permitindo uma comunicação eficaz.

♦ Treine o traçado das letras do tipo bastão, copiando os alfabetos maiúsculo e minúsculo e os algarismos nas linhas seguintes.

ABCDEFGHIJKLMNO

PQRSTUVWXYZ

abcdefghijklmnopqrstuvwxyz

0123456789

CAPÍTULO 2

Lugares geométricos

Todos os lugares têm características que permitem sua identificação e sua localização. Na Geometria, são chamadas de **lugares geométricos** as figuras que possuem determinadas características, que conhecemos por propriedades.

Neste capítulo, vamos conhecer lugares geométricos que vão nos auxiliar na resolução de problemas de Desenho Geométrico.

Estação espacial orbitando a Terra.

Compreendendo ideias

O que é lugar geométrico?

◆ Imagine um *shopping center* onde todas as lojas do último andar recebem luz do Sol, enquanto nos andares inferiores a iluminação é artificial.

Tal andar é um lugar especial porque **todas** as lojas e **somente elas** têm uma característica comum, que é ....

Transferindo essa ideia para a linguagem do Desenho Geométrico, dizemos que uma figura é um **lugar geométrico** (**LG**) quando .... seus pontos e somente eles têm uma propriedade em ....

LG-1: Circunferência (distância de ponto a ponto)

◆ Praia e sol têm tudo a ver, não é mesmo? Imagine-se sob um quiosque como o da foto ao lado em pleno meio-dia no verão.
A linha de contorno da sombra do quiosque na areia dá a ideia de uma circunferência? ....
Os pontos dessa circunferência são equidistantes do pé do guarda-sol? ....
Essa distância é o tamanho do raio da circunferência? ....
Há outros pontos na areia, presentes nessa foto, que apresentam essa característica? ....

Quiosque de sapê.

◆ Agora, considere um ponto O e uma medida r.

$\overset{O}{+}$ $\vdash\!\!\!\!—\!\!r\!\!—\!\!\dashv$

Desenhe o lugar dos pontos que estão à distância r do ponto O.

$\overset{O}{+}$

Todos os pontos da circunferência têm uma propriedade comum e exclusiva? ....

Qual é essa propriedade? ....

◆ Defina a figura ao lado como um lugar geométrico.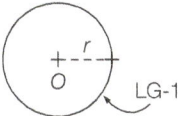

"A circunferência (O, r) é o LG dos .... que estão à distância

.... do ponto ...."

> O LG-1 é uma circunferência, e todos os seus pontos estão a uma mesma distância de um ponto conhecido.

Usando símbolos, escrevemos: LG-1 → ⊗ (O, r).

Lê-se: Lugar geométrico 1 é a circunferência de centro em O e raio de medida r.

Construindo imagens

Construção do LG-1

• Dados:	• Construir:
Ponto O e r = 2 cm.	LG-1 dos pontos que distam r do ponto O.

Para você construir:

$\overset{O}{+}$

CAPÍTULO 2 • LUGARES GEOMÉTRICOS

Você em ação

1) Construa o lugar geométrico dos pontos distantes 1,5 cm do ponto A e o lugar geométrico dos pontos distantes 1,2 cm do ponto B.

+A   +B

2) Determine os pontos A cuja distância ao ponto P seja x e que distem y do ponto Q.

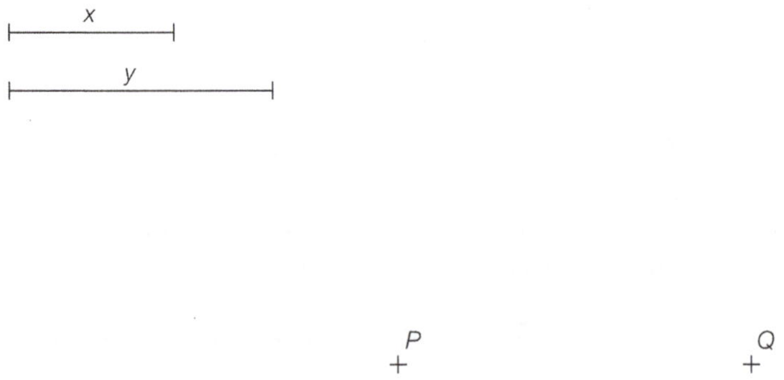

|— x —|
|—— y ——|

+P   +Q

3) Determine os pontos T que distam 4 cm do ponto A e que pertencem aos lados do quadrilátero ABCD.

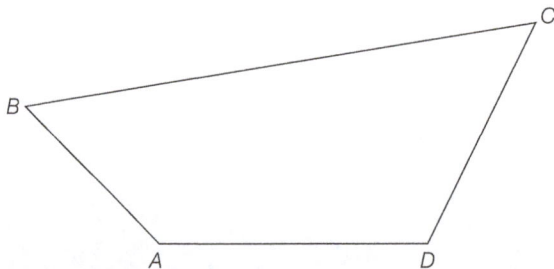

4) Determine H ∈ x, G ∈ y.

Dados: d(H, A) = 22 mm e d(G, A) = 38 mm

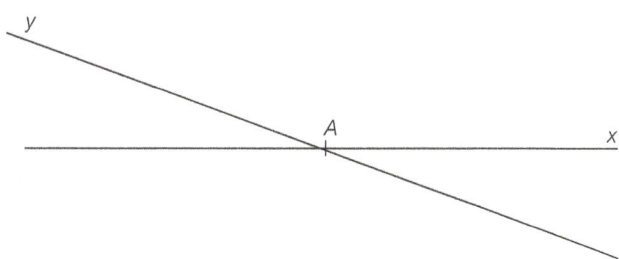

5) Dadas as retas r, s e t, determine os pontos D, E e F, distantes 2,5 cm do ponto P, tal que D ∈ r, E ∈ s e F ∈ t.

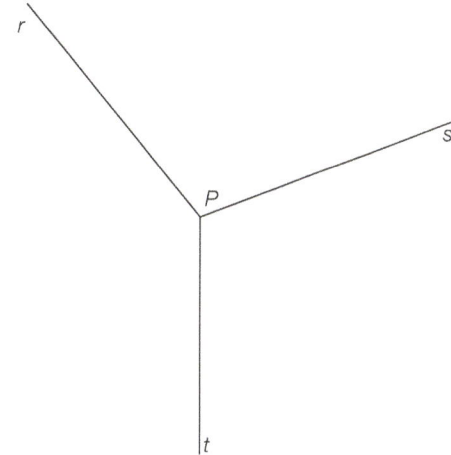

6) Determine os pontos P pertencentes à reta r e distantes 2,7 cm do ponto A. Indique quantas respostas são possíveis em cada caso.

a)

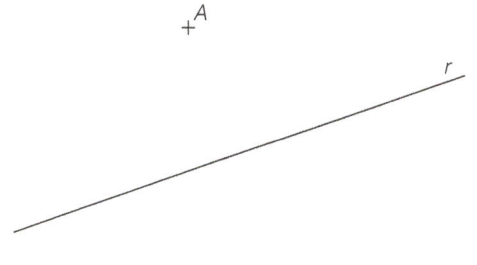

b)

CAPÍTULO 2 • LUGARES GEOMÉTRICOS

c)

d)

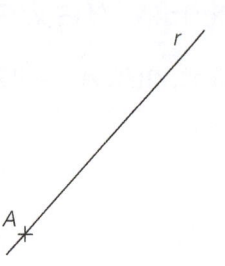

7 Determine os pontos K distantes 10 mm do ponto A e 20 mm do ponto B. Verifique quantas respostas são possíveis em cada caso.

a)

c)

b)

d)

Qual é o motivo da obtenção de respostas diferentes em cada caso? ....

....

O que aconteceria no item **d** se d(K, A) = d(K, B)? ....

8. Em cada situação apresentada a seguir, verifique quantos pontos P existem para que atendam às condições de distar 16 mm do ponto A e pertencer às retas a ou b, sendo a ∥ b.

a)

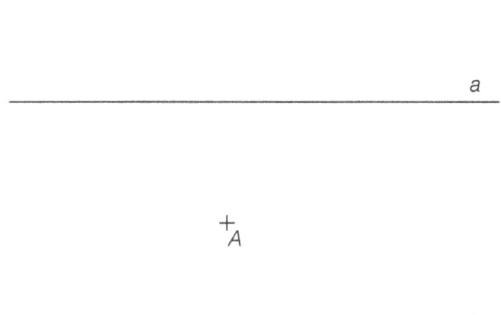

d)

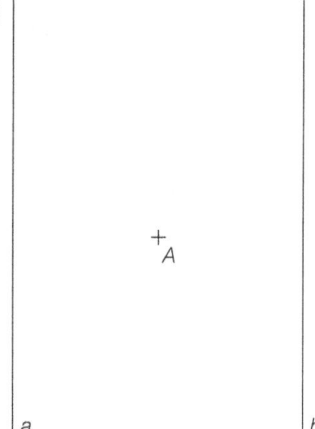

b)

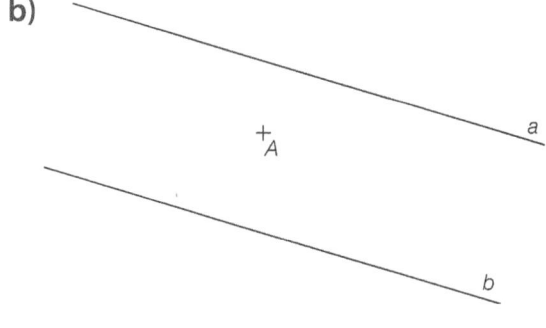

e)

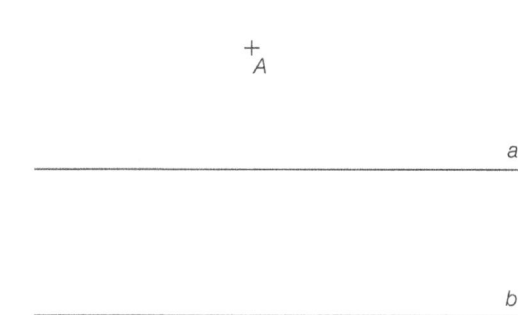

c)

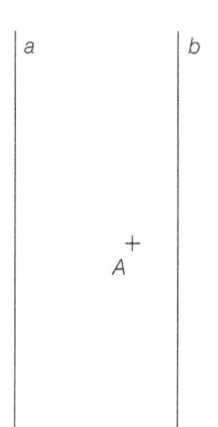

f)

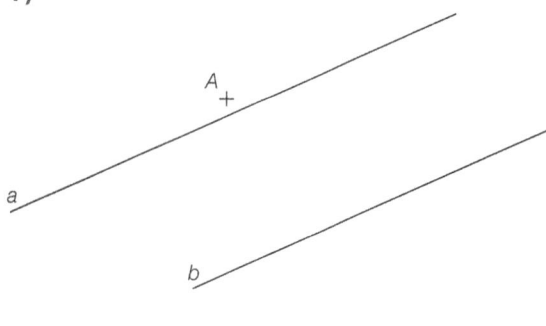

CAPÍTULO 2 • LUGARES GEOMÉTRICOS

Compreendendo ideias

Resolução de problemas

Em Matemática, os problemas não são resolvidos por experimentações, tentativas e erros. Existem métodos que nos possibilitam encontrar soluções com segurança, rapidez e exatidão.

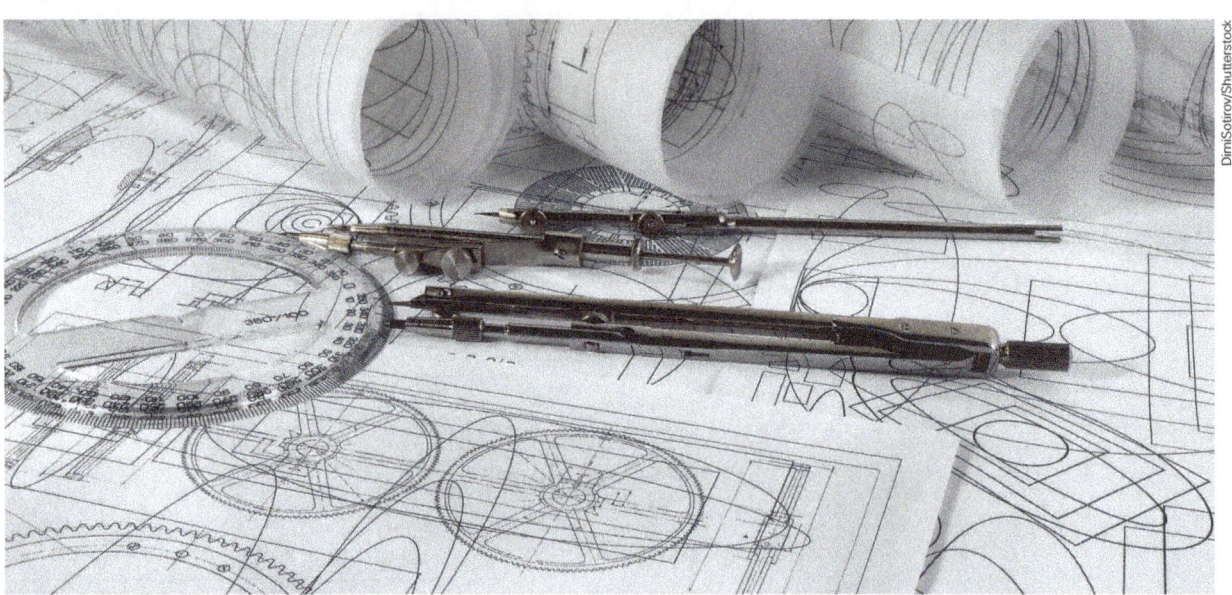

Um método eficiente para a resolução de problemas em Desenho Geométrico é composto das seguintes etapas:

1ª) Interpretação

- Leitura atenta de **todo** o enunciado (texto e figura).
- Análise e compreensão do problema, identificação dos pontos-chave e o estudo das informações sobre esses pontos.

2ª) Roteiro

Plano esquematizado em que você indica, para cada elemento que procura, os lugares geométricos ou figuras aos quais ele pertence.

3ª) Construção

Execução do que é pedido com o auxílio dos seus instrumentos de desenho, cuidando para que sejam construídas todas as respostas possíveis.

Nas próximas páginas você terá contato com alguns exemplos de como resolver problemas de Desenho Geométrico utilizando esse método que acabamos de mostrar. Assim, esperamos que você utilize esse método nos problemas que serão propostos, para facilitar sua resolução.

Construindo imagens

Exemplo 1 – Construção de uma reta dados dois pontos e as distâncias entre eles

- **Dados:** Pontos A e B. Sabe-se que o ponto A está distante 3 cm do ponto P e que a distância do ponto P ao ponto B é de 2 cm.
- **Construir:** Uma reta x determinada pelos pontos P e A.

Nota: O emprego do artigo indefinido em "**uma** reta", no enunciado, indica que você poderá encontrar somente uma reta, mais que uma reta, infinitas retas ou mesmo nenhuma reta que atenda às condições do problema.

Procedimento para construção:

1ª etapa: Interpretação

O que o problema pede? Uma reta x.

Qual é o ponto-chave a ser procurado? O ponto P.

Quais são as informações sobre o ponto-chave?

1ª: a distância do ponto P ao ponto A.

2ª: a distância do ponto P ao ponto B.

Elas são características de lugares geométricos? Sim, do LG-1 (distância de ponto a ponto).

O que você deve construir? Dois LG-1 (duas circunferências).

2ª etapa: Roteiro

Determinar o ponto P, tal que P seja a interseção de LG-1 → ⊗ (A, 3 cm) e LG-1 → ⊗ (B, 2 cm).

$P \begin{cases} \text{LG-1} \to \otimes (A, 3 \text{ cm}) \\ \text{LG-1} \to \otimes (B, 2 \text{ cm}) \end{cases}$

3ª etapa: Construção

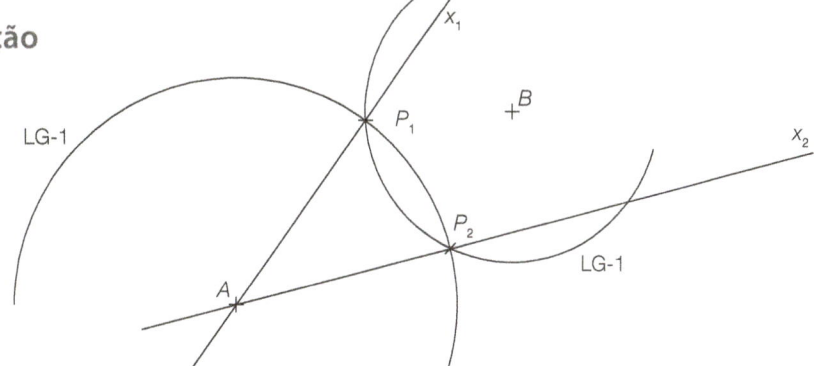

As retas x_1 e x_2 são as duas soluções do problema.

Exemplo 2 – Localização da casa de Rosely

A casa de Rosely fica a 400 m de distância da casa de sua amiga Raquel. A distância entre a casa de Rosely e a de Rosângela é de 310 m. Para visitar Rosângela, Rosely precisa atravessar o rio. Localize onde Rosely mora, sabendo que 1 cm no desenho corresponde a 100 m na realidade.

Procedimento para construção:

1ª etapa: Interpretação

O que o problema pede?

A localização da casa de Rosely.

Quais são as informações sobre esse ponto?

1ª: a distância à casa de Raquel (400 m).

2ª: a distância à casa de Rosângela (310 m).

Elas são características de lugares geométricos?

Sim, do LG-1.

O que você deve construir?

Dois LG-1 (duas circunferências).

2ª etapa: Roteiro

A casa de Rosely está localizada em um dos pontos de interseção de

LG-1 → ⊗ (Raquel, 4,0 cm) e LG-1 → ⊗ (Rosângela, 3,1 cm).

Casa da Rosely $\begin{cases} \text{LG-1} \to \otimes \text{ (Raquel, 4,0 cm)} \\ \text{LG-1} \to \otimes \text{ (Rosângela, 3,1 cm)} \end{cases}$

3ª etapa: Construção

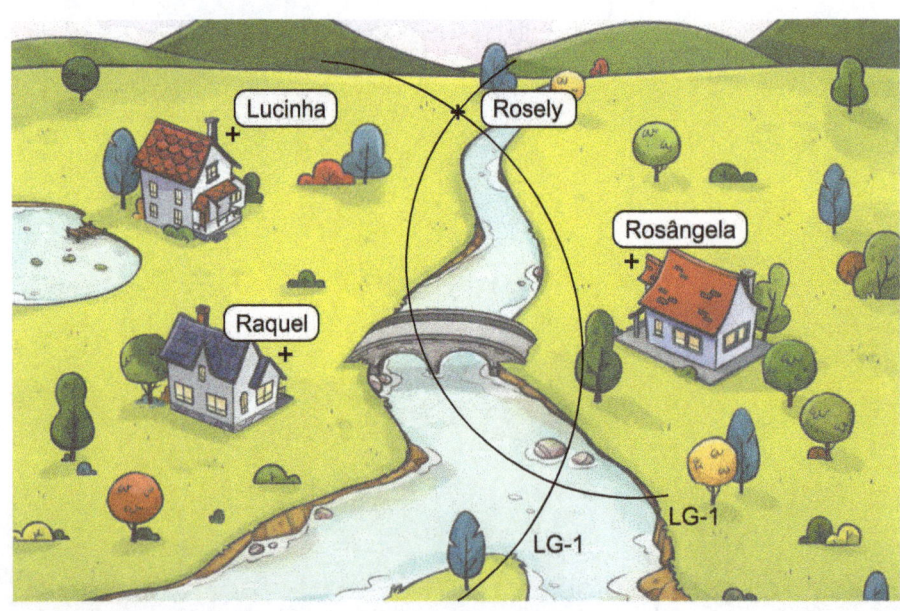

(Elementos fora de proporção entre si.)

Você em ação

1 Desenhe um ângulo CÂB, dados os pontos A e C, sabendo que B dista 1,5 cm de A e 2,5 cm de C.

Interpretação

O que o problema pede? ....

Qual é o ponto-chave a ser procurado? ....

Quais são as informações sobre o ponto-chave? ....

....

Elas são características de lugares geométricos? ....

O que você deve construir? ....

Roteiro

Construção

A₊

₊C

Compreendendo ideias

LG-2: Par de paralelas (distância de ponto a reta)

◆ Imagine-se caminhando pela borda de uma estrada (linha branca contínua) como a da imagem abaixo.

Você sempre está à mesma distância da linha central? ....

Os pontos dessa linha são os únicos equidistantes da linha central? ....

Existe outra linha que também apresenta essa propriedade neste caso? ....

Qual? ....

Que figura geométrica essas linhas brancas contínuas lembram? ....

◆ Considere uma reta x e uma medida d e desenhe o lugar onde estão todos os pontos que distam d da reta x.

$\longmapsto\!\!\!\overset{d}{}\!\!\!\dashv$

_____ x

Qual foi a figura encontrada? ....

Qual é a propriedade comum e exclusiva de todos os pontos dessa figura?

....

24 DESENHO GEOMÉTRICO • IDEIAS E IMAGENS

◆ Defina a figura abaixo como um lugar geométrico.

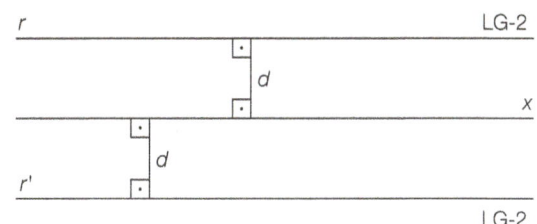

"O par de .... r e r' é o LG dos pontos que estão à distância .... da reta ...."

> O LG-2 é um par de retas paralela e todos os seus pontos conservam a mesma distância com relação a uma reta conhecida.

Usando símbolos, escrevemos: LG-2 → // (x, d).
Lê-se: Lugar geométrico 2 é o par de retas paralelas à reta x com distância d.

Construindo imagens

Construção do LG-2

• Dados:	• Construir:
Reta x e medida d.	LG-2 dos pontos que distam d da reta x.

Procedimento para construção:

Determine dois pontos quaisquer da reta x e trace perpendiculares por eles. Marque a distância d nas perpendiculares e trace as paralelas.

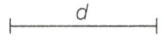
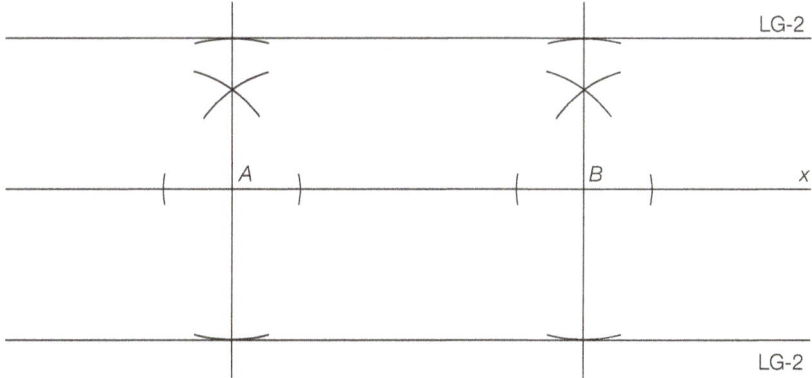

CAPÍTULO 2 • LUGARES GEOMÉTRICOS

Você em ação

1 Construa o lugar geométrico dos pontos que distam 15 mm da reta *a* e o lugar geométrico dos pontos distantes 20 mm da reta *b*.

a)

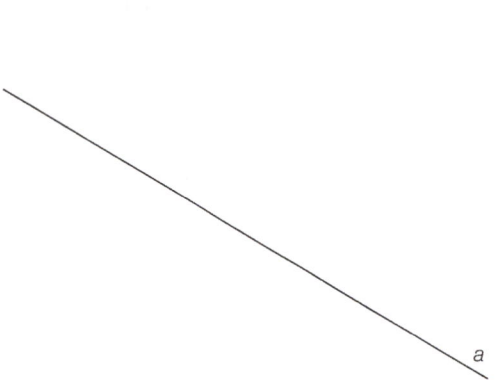

b)

2 Nestas figuras, indique os lados que pertencem aos lugares geométricos indicados.

a)

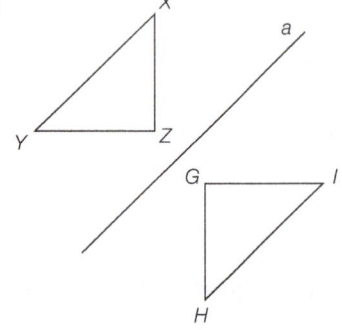

LG-2 → // (*a*, 16 mm): ....

c)

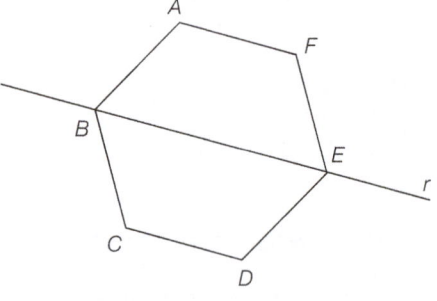

LG-2 → // (*r*, 14 mm): ....

b)

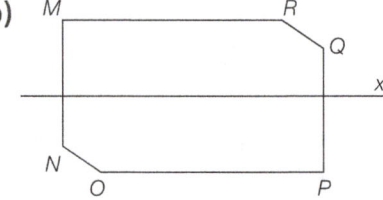

LG-2 → // (*x*, 1 cm): ....

d)

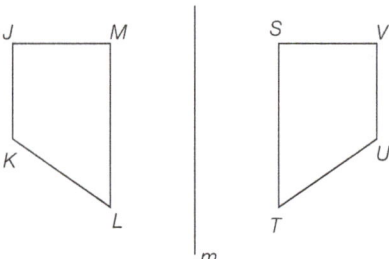

LG-2 → // (*m*, 25 mm): ....

LG-2 → // (*m*, 11 mm): ....

③ Dados os vértices do triângulo ABC, determine nos lados do triângulo um ponto K cuja distância ao lado $\overline{CA}$ seja 17 mm.

Roteiro

Construção

A
+

B
+

C
+

④ Determine um ponto K, distante r da reta f dada e r' da reta h dada.

|—— r ——| |—— r' ——|

Roteiro

Construção

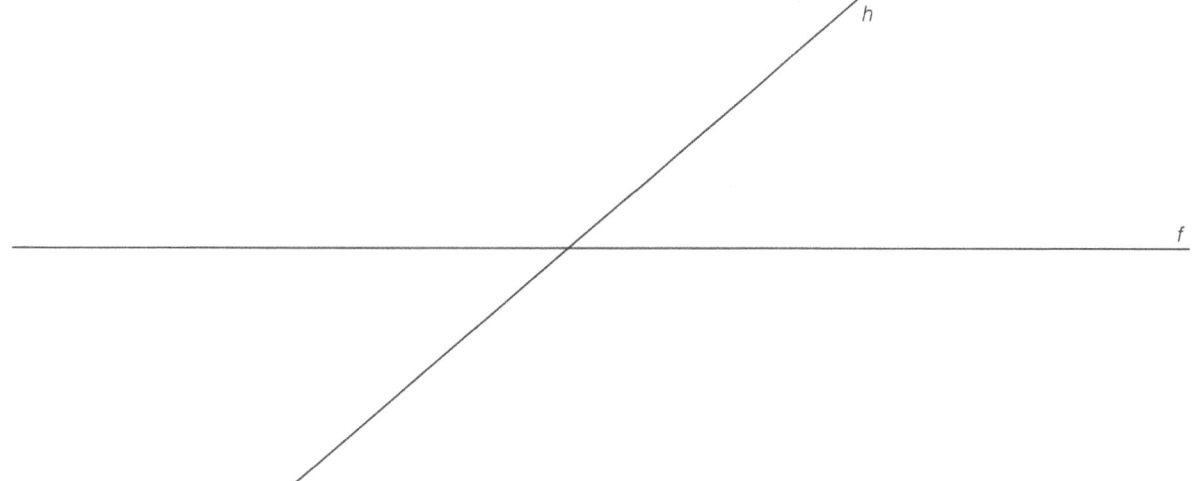

Quantos pontos K foi possível encontrar? ....

CAPÍTULO 2 • LUGARES GEOMÉTRICOS 27

5 Determine os pontos *M* da circunferência, os pontos *P* pertencentes aos lados do triângulo e os pontos *E* do segmento *RS* que distam 3 cm da reta *t* dada.
Roteiro

Construção

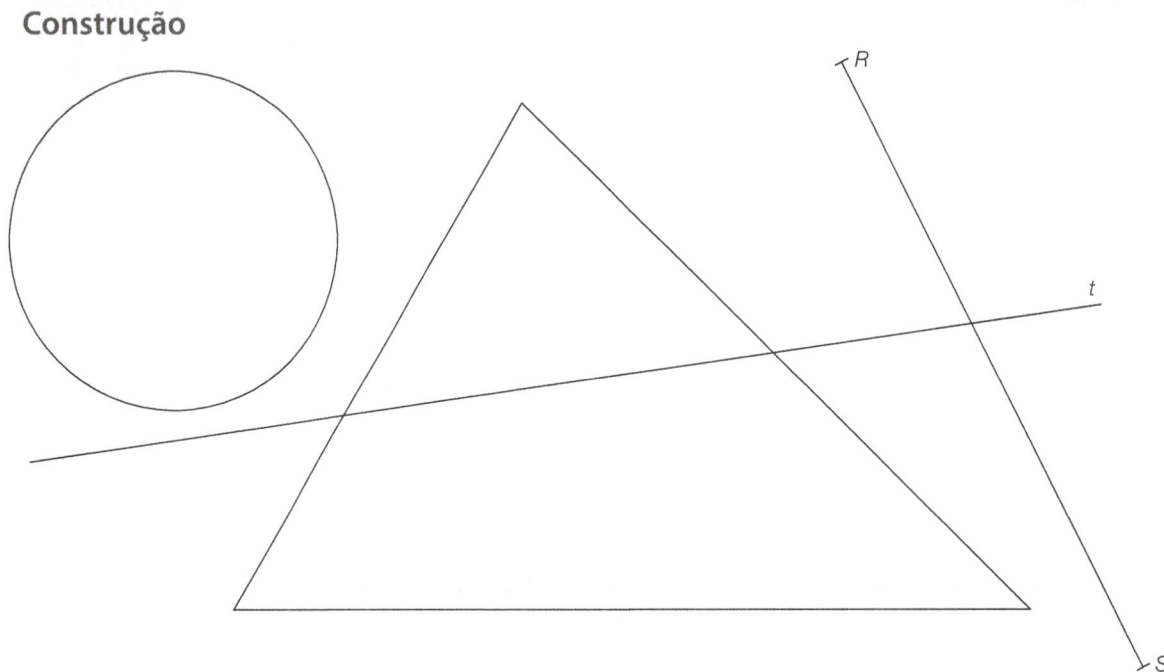

6 Determine um segmento de extremidades *X* e *Y* na circunferência dada, cujos pontos distam 2,1 cm da diagonal $\overline{BE}$ do pentágono *ABCDE*. Em seguida, desenhe o triângulo *AXY*.
Roteiro

Construção

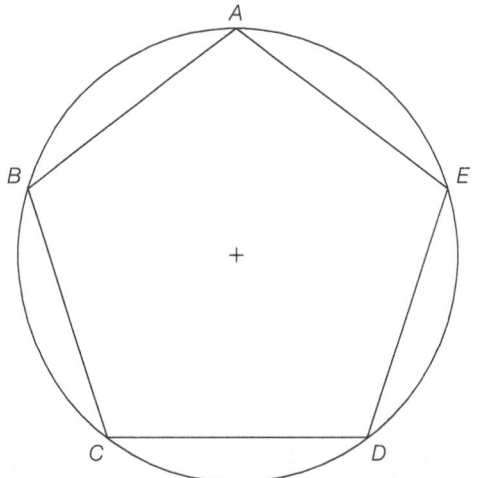

7 Construa uma reta *a* determinada pelos pontos *P* e *M*, tal que *M* pertença à reta *s* e diste 22 mm da reta *r*.

Roteiro

Construção

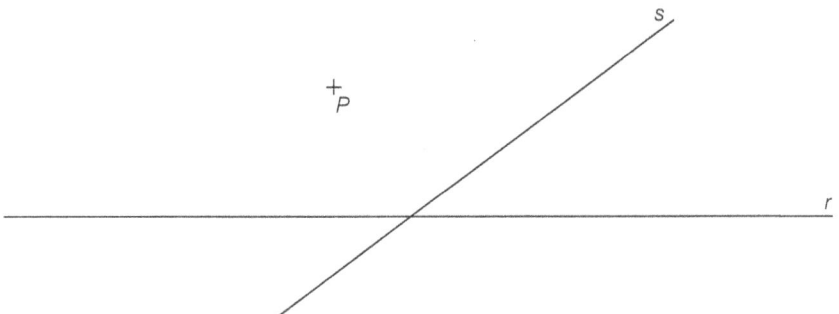

8 Determine um ponto *A*, distante 2 cm da reta *x* e 2,5 cm do ponto *P*.

Roteiro

Construção

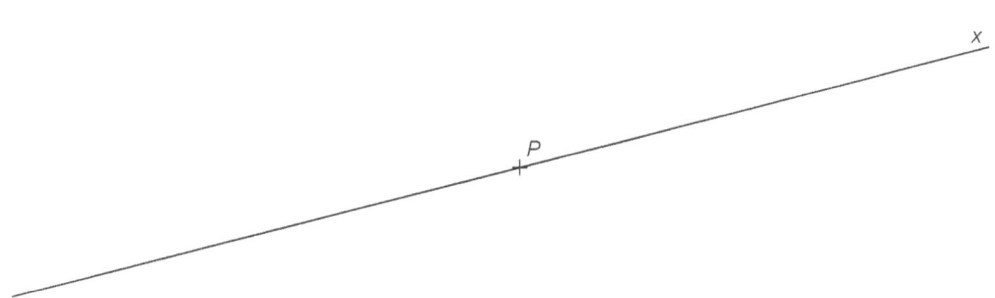

Existem .... pontos *A*.

a) Verifique quantas respostas podemos obter para o mesmo problema quando mudamos a posição do ponto P.

Existem .... pontos A.   Existem .... pontos A.

b) Verifique quantas respostas podemos obter para o mesmo problema quando mudamos as distâncias.

- d(A, x) = 3 cm e d(A, P) = 1,5 cm

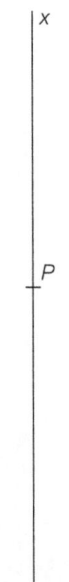

- d(A, x) = 1,5 cm e d(A, P) = 1,5 cm

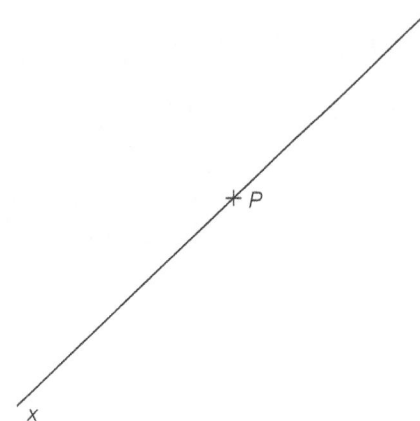

9 Determine um segmento RS, dados d(R, y) = 2 cm, d(R, A) = 2,3 cm e d(S, R) = 3,5 cm, sabendo que o ponto S pertence à reta y.

Roteiro

Construção

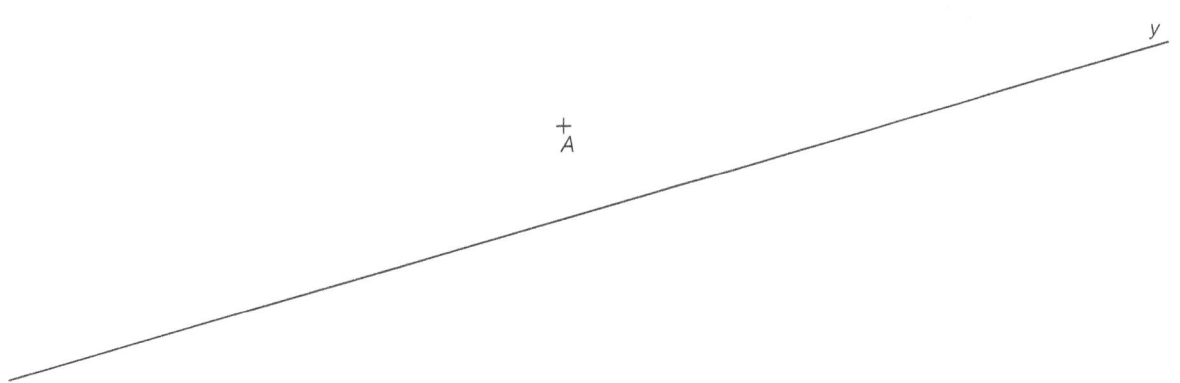

Compreendendo ideias

LG-3: Mediatriz (equidistância de dois pontos)

Para decolar ou aterrissar, o avião segue como referência a reta que passa pelo meio dos sinais luminosos. Observe que esse é um lugar especial, pois qualquer ponto dessa reta central estará sempre equidistante dos sinais luminosos correspondentes.

Considere os pontos A, B e a reta m representados abaixo.

Pista sinalizada durante pouso de avião.

A reta m é chamada de **mediatriz**.

◆ Todos os pontos da mediatriz têm uma propriedade comum e exclusiva. Qual é essa propriedade? ....

◆ Defina a figura abaixo como um lugar geométrico.

"A reta .... m é o LG

dos pontos .... dos pontos

.... e ...."

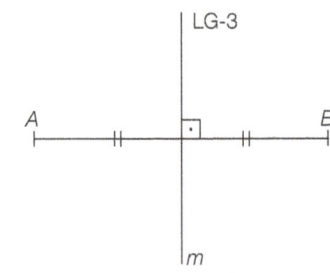

> O LG-3 é uma reta mediatriz cujos pontos são equidistantes de dois pontos conhecidos.

Usando símbolos, escrevemos: LG-3 → mtz($\overline{AB}$).

Lê-se: Lugar geométrico 3 é a mediatriz do segmento AB.

Construindo imagens

Construção do LG-3

- **Dados:**
  Pontos A e B.

- **Construir:**
  LG-3 dos pontos que equidistam de A e B.

Procedimento para construção:
Trace dois arcos de centros A e B com raios iguais e maiores que a metade da medida de $\overline{AB}$.
O LG-3 é a reta que passa pelos dois pontos determinados pelos arcos.

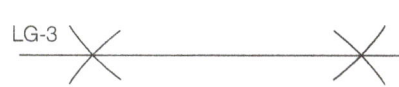

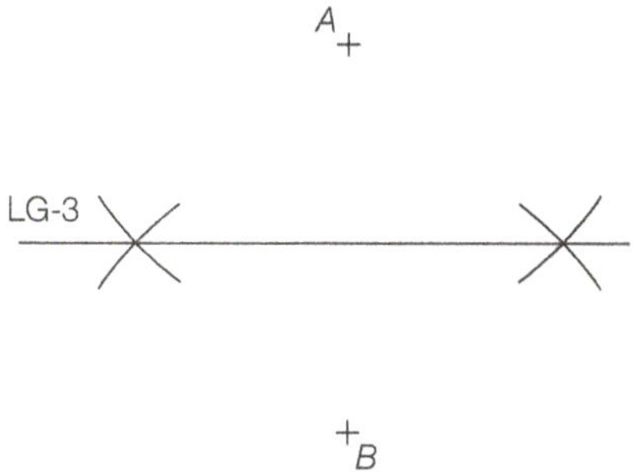

Você em ação

1 Construa o lugar geométrico dos pontos do plano que equidistam dos pontos X e Y dados.

a)

X_1 +

Y_1 +

b)

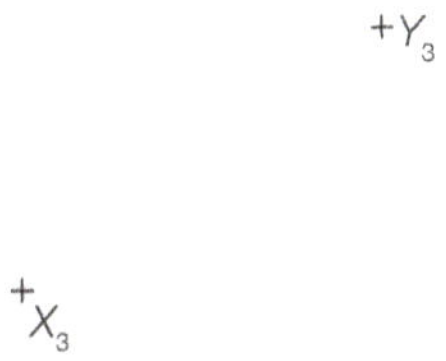

+ Y_3

+ X_3

2 Desenhe o lugar geométrico dos pontos que equidistam dos vértices destacados nas figuras dadas.

a)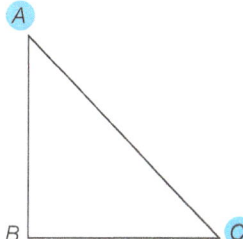

b)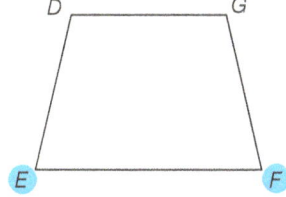

c)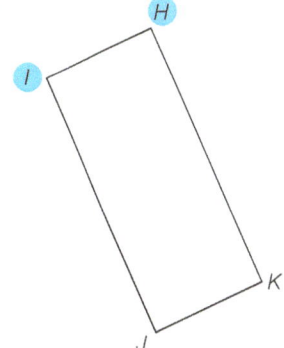

CAPÍTULO 2 • LUGARES GEOMÉTRICOS 33

3 Determine todos os pontos P equidistantes de A e de F que pertencem aos lados do polígono dado.

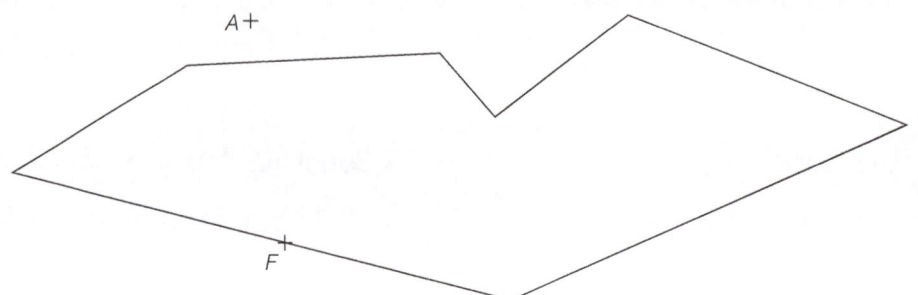

4 Construa apenas um ângulo RĤS com um lado equidistante dos pontos A e B e o outro equidistante dos pontos B e C. O vértice desse ângulo é equidistante dos pontos A, B e C.

Roteiro   Construção

B +

A +

C +

5 Determine todos os pontos P que estão à mesma distância dos pontos R e S dados, sendo d(P, S) = 5,1 cm.

Roteiro   Construção

+ R

+ S

6 Determine os pontos T, distantes 1,5 cm da reta r e equidistantes dos pontos M e N dados.

Roteiro   Construção

+ N

_____ r

+ M

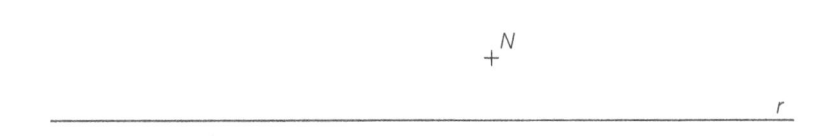

7 Construa as retas x e y, sendo x = $\overleftrightarrow{PR}$ e y = $\overleftrightarrow{PS}$ e sabendo que d(P, R) = d(P, S), d(P, A) = 3 cm e A é ponto médio de $\overline{RS}$.

Roteiro   Construção

+ S

+ R

CAPÍTULO 2 • LUGARES GEOMÉTRICOS   35

8 Construa ⊗ (O, r) e ⊗ (C, m) que passam por P e K dados, sabendo que r é a menor distância de O a P e que d(C, O) = r.

Roteiro   Construção

P+

+K

9 Dados os pontos A, B e R e a reta r, determine o segmento WZ, sabendo que os pontos W e Z equidistam dos pontos A e B, o ponto W dista 7 cm do ponto R e o ponto Z dista 16 mm da reta r.

Roteiro   Construção

+R   +A   +B

r

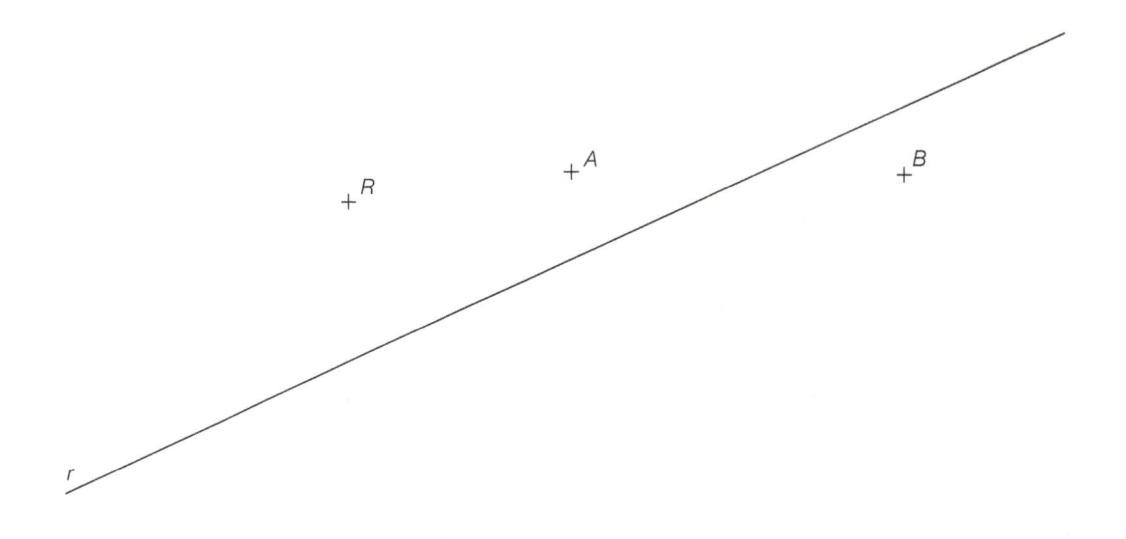

Compreendendo ideias

LG-4: Equidistância de duas retas
LG-4a: Par de bissetrizes

◆ Observe o mapa abaixo.

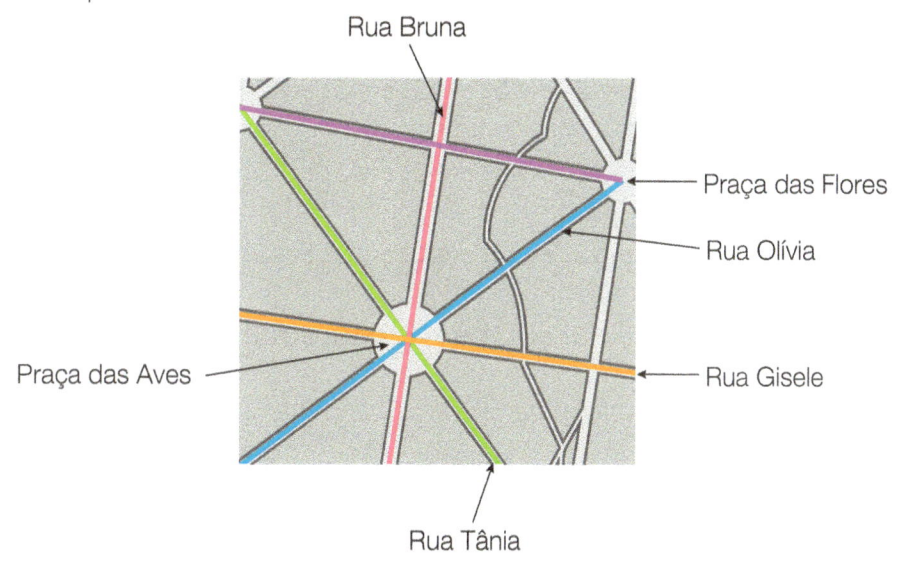

Observando o posicionamento da rua Bruna, da praça das Aves e da rua Gisele, pode-se notar que elas formam uma figura geométrica que lembra um ângulo.

Qual é a figura geométrica representada pela rua Olívia? ....
Note, pelo mapa, que em qualquer ponto da rua Olívia você sempre estará à mesma distância das ruas Bruna e Gisele. Essa propriedade é válida somente para os pontos desta rua? ....
Há algum outro lugar que também apresenta essa propriedade? ....

◆ Considere duas retas concorrentes, *a* e *b*.
Desenhe o lugar onde estão todos os pontos equidistantes das retas *a* e *b*.

CAPÍTULO 2 • LUGARES GEOMÉTRICOS

Qual foi a figura encontrada na construção da página anterior?

....

Qual é a propriedade comum e exclusiva de todos os pontos dessa figura?

....

◆ Defina a figura abaixo como um lugar geométrico.

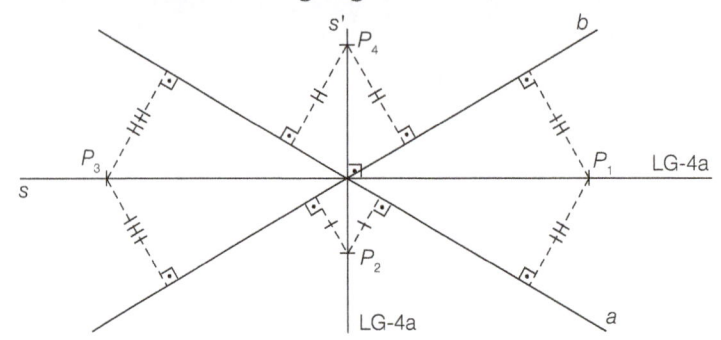

"O par de .... s e s' é o LG dos pontos ....

das retas concorrentes .... e ...."

> O LG-4a é um par de bissetrizes cujos pontos são equidistantes de duas retas concorrentes conhecidas.

Usando símbolos, escrevemos: LG-4a → btz(ab)
Lê-se: Lugar geométrico 4a é o par de bissetrizes dos ângulos formados pelas retas a e b.

Construindo imagens

Construção do LG-4a

• **Dados:**
Duas retas concorrentes a e b.

• **Construir:**
LG-4a dos pontos que equidistam das retas a e b.

Procedimento para construção:

Construa as bissetrizes de dois ângulos adjacentes e prolongue-as. Elas serão bissetrizes dos outros dois ângulos, pois eles são opostos pelo vértice.

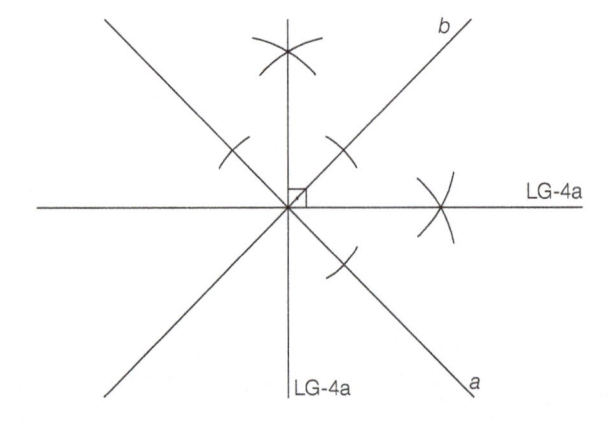

38 DESENHO GEOMÉTRICO • IDEIAS E IMAGENS

Usando tecnologia

Construção da bissetriz de um ângulo qualquer para verificar a propriedade do lugar geométrico

Nesta seção, você poderá verificar que um par de bissetrizes é o lugar geométrico dos pontos que são equidistantes de duas retas concorrentes conhecidas utilizando o *software* de geometria dinâmica GeoGebra, que pode ser encontrado no endereço <https://www.geogebra.org/>.

Passos da construção:

1º) Construa uma reta utilizando a ferramenta [ ] e clicando em dois lugares distintos da tela, obtendo a reta *AB*. Faça o mesmo para obter a reta *CD* concorrente da reta *AB*. Com a ferramenta [ ], marque o ponto *E* de interseção entre as retas construídas.

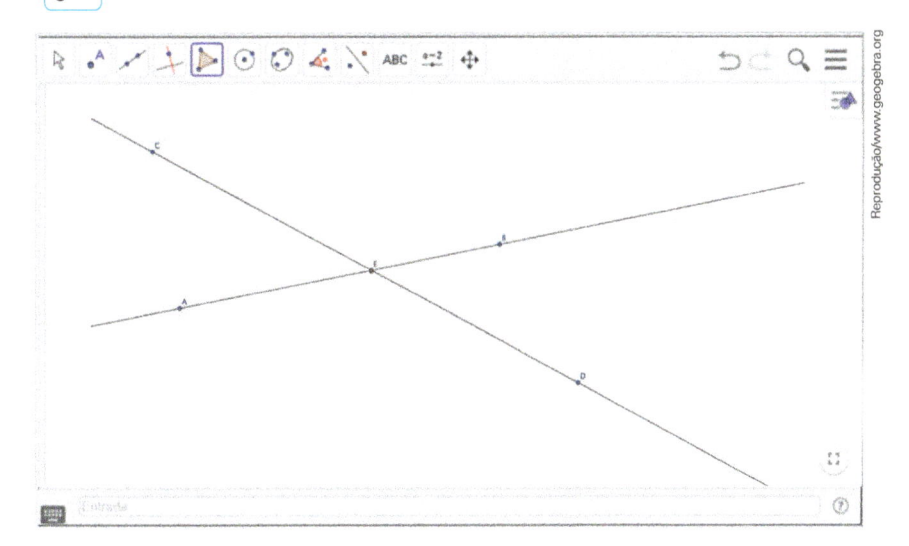

2º) Para obter as retas bissetrizes, utilize a ferramenta [ ], selecione as retas *AB* e *CD* construídas.

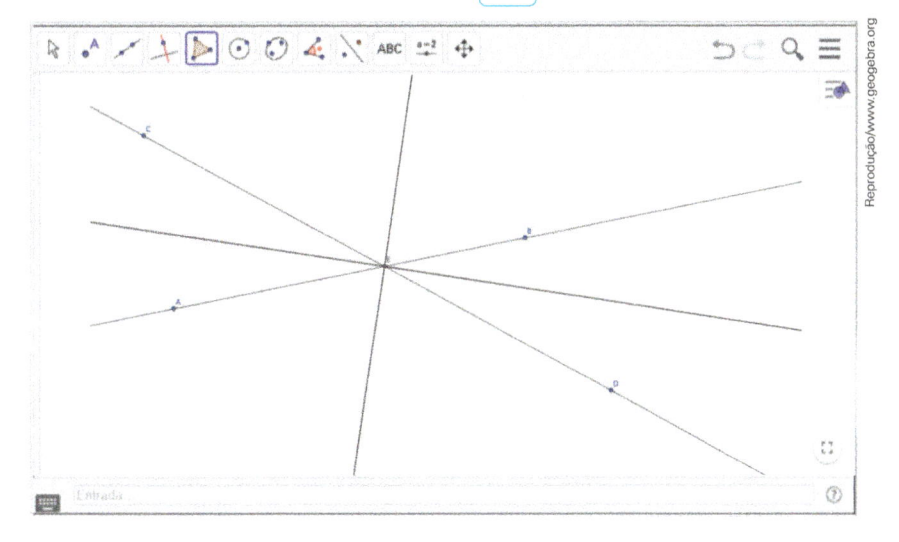

CAPÍTULO 2 • LUGARES GEOMÉTRICOS

3º) Para verificar que o par de retas bissetrizes construídas é o lugar geométrico dos pontos que são equidistantes das duas retas concorrentes *AB* e *CD*, utilize a ferramenta [A] para obter um ponto *F* em uma das retas bissetrizes.

Em seguida, utilizando a ferramenta [cm], obtenha a distância entre o ponto *F* e as retas bissetrizes. Para isso, selecione o ponto e uma reta bissetriz e, em seguida, novamente o ponto e a outra reta bissetriz.

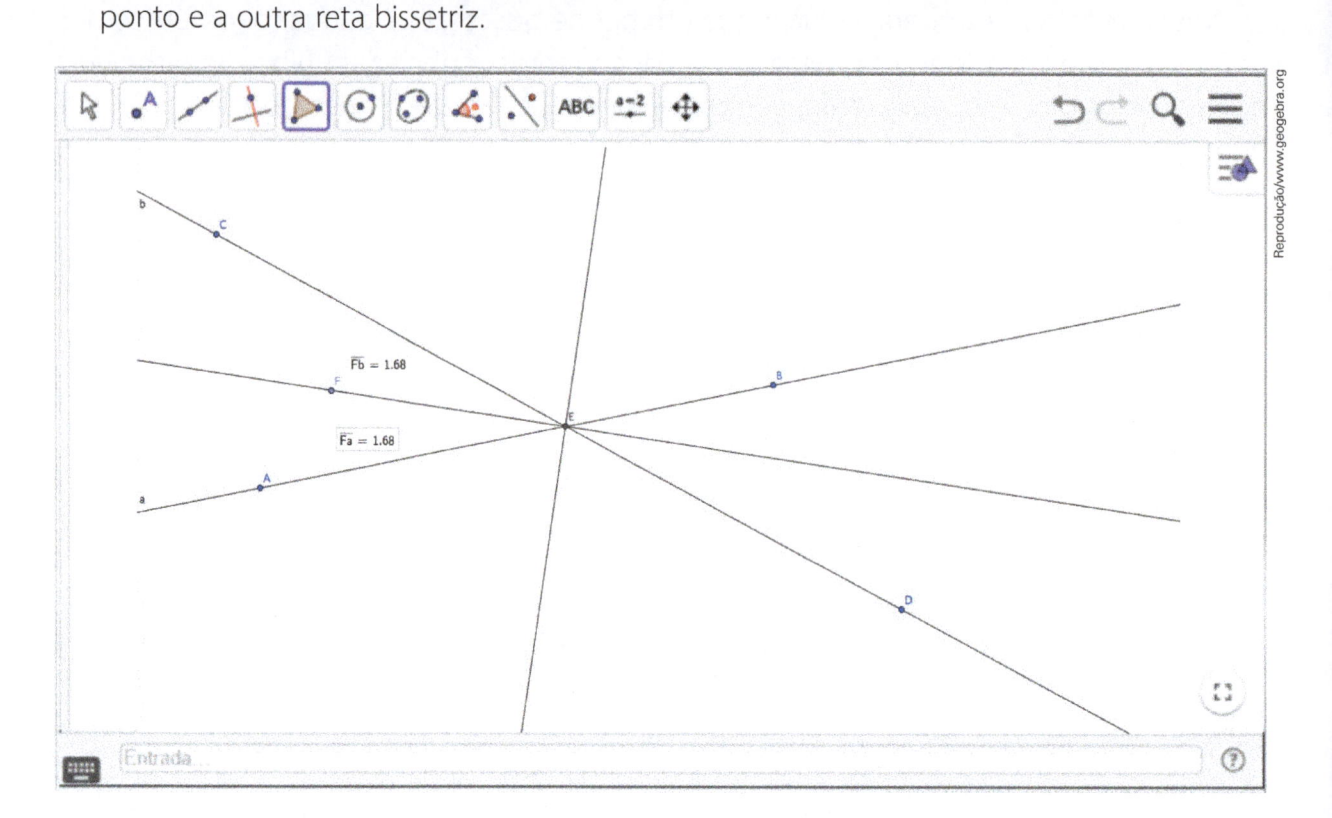

Observe que as duas distâncias são numericamente iguais.

Para você construir:

- Construa, em um *software* de geometria dinâmica, duas retas concorrentes. Mostre que um par de retas bissetrizes é o lugar geométrico dos pontos que são equidistantes das duas retas concorrentes.

Compreendendo ideias

LG-4b: Par de retas paralelas

◆ Observe um trecho da planta da cidade de Bauru (SP).

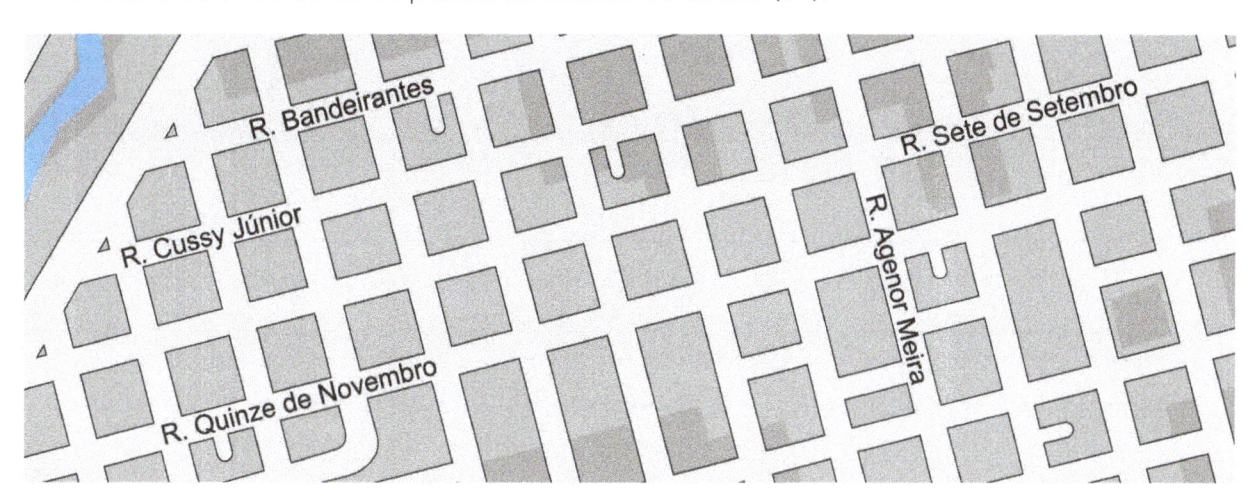

Considere que os quarteirões medem 100 m × 100 m.
Se você trafega pela rua Sete de Setembro, está sempre à mesma distância das ruas

Quinze de Novembro e Cussy Júnior? ....

Por quê? ....

◆ Considere duas retas paralelas *a* e *b*.
Desenhe o lugar de todos os pontos equidistantes das retas *a* e *b*.

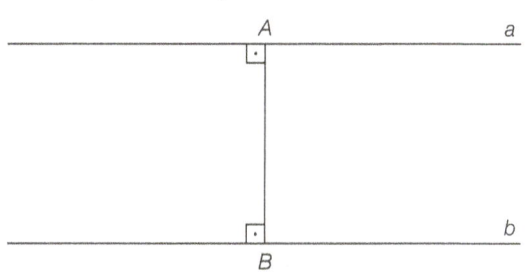

$\overline{AB}$ é o segmento-distância das retas ....

A reta *x* é paralela às retas *a* e *b*; portanto, é .... a $\overline{AB}$.

A reta *x* passa por *P*, ponto .... de $\overline{AB}$.

Então a reta *x* é .... de $\overline{AB}$.

Qual é a propriedade comum e exclusiva de todos os pontos da reta *x*? ....

....

Como se deve proceder para construir a reta *x*?

....

CAPÍTULO 2 • LUGARES GEOMÉTRICOS

◆ Defina a figura abaixo como um lugar geométrico.

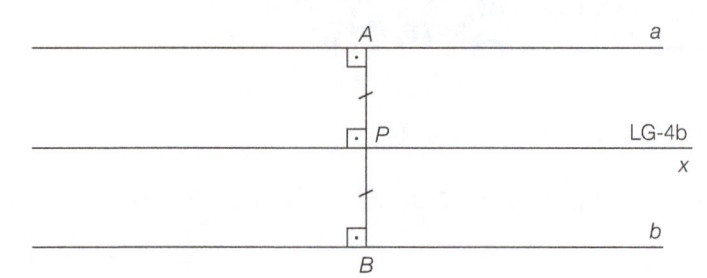

"A .... x é o LG dos pontos .... das retas paralelas .... e ...."

> O LG-4b é a reta paralela cujos pontos são equidistantes de duas retas paralelas conhecidas.

Usando símbolos, escrevemos: LG-4b → mtz $(\overline{AB})$, com $AB = d(a, b)$

Lê-se: Lugar geométrico 4b é a mediatriz do segmento AB, tal que o segmento AB é o segmento-distância das retas a e b.

Construindo imagens

Construção do LG-4b

• Dados:	• Construir:
Duas retas paralelas a e b.	LG-4b dos pontos que equidistam das retas.

Procedimento para construção:

Trace por um ponto B qualquer da reta b uma perpendicular que intersecte a reta a determinando um ponto A. Construa a mediatriz de $\overline{AB}$.

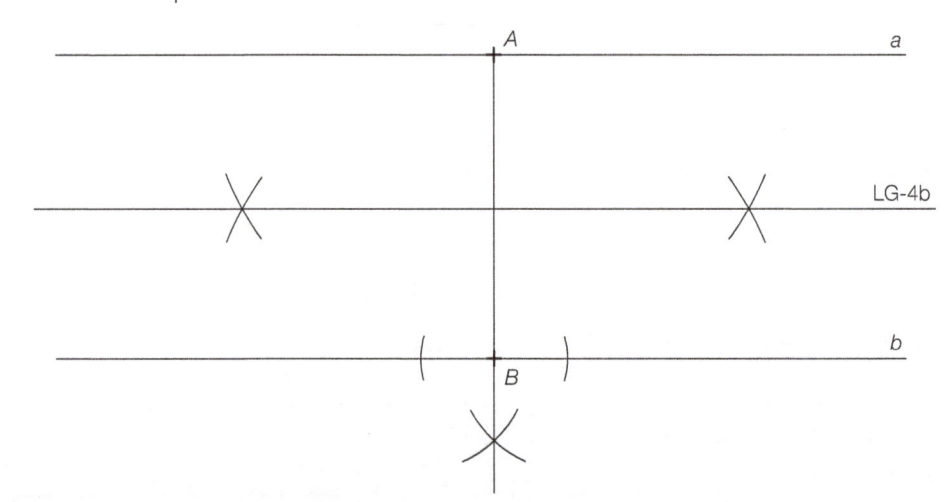

42 DESENHO GEOMÉTRICO • IDEIAS E IMAGENS

Você em ação

1. Construa o LG-4a, dadas duas retas concorrentes x e y.

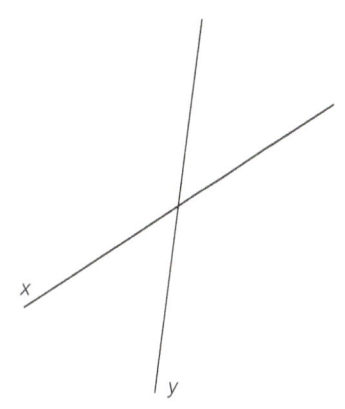

2. Construa o LG-4b, dadas duas retas paralelas r e s.

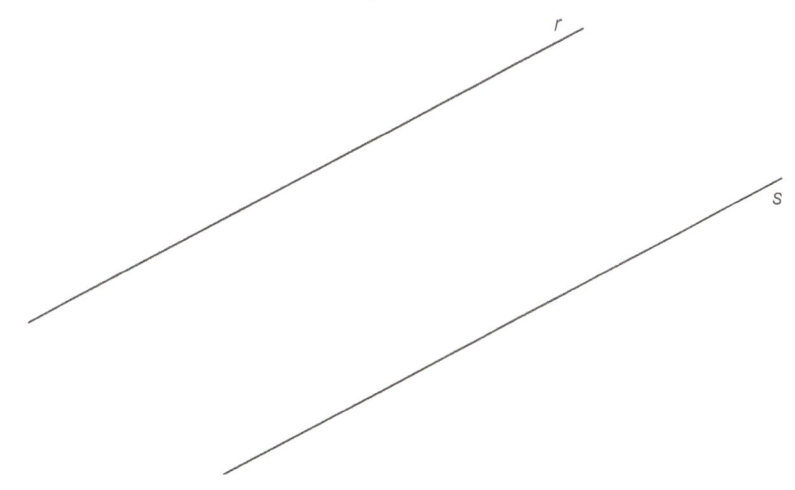

3. Dadas as retas r, s e t, determine os pontos da reta t equidistantes das retas r e s.

   Roteiro

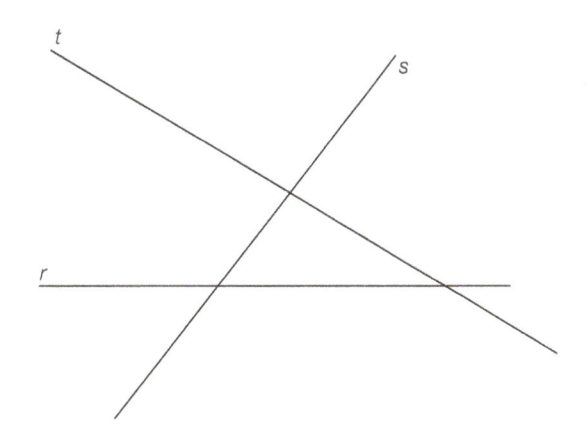

   Construção

4 Analise estas figuras e responda se as afirmações são verdadeiras (**V**) ou falsas (**F**).

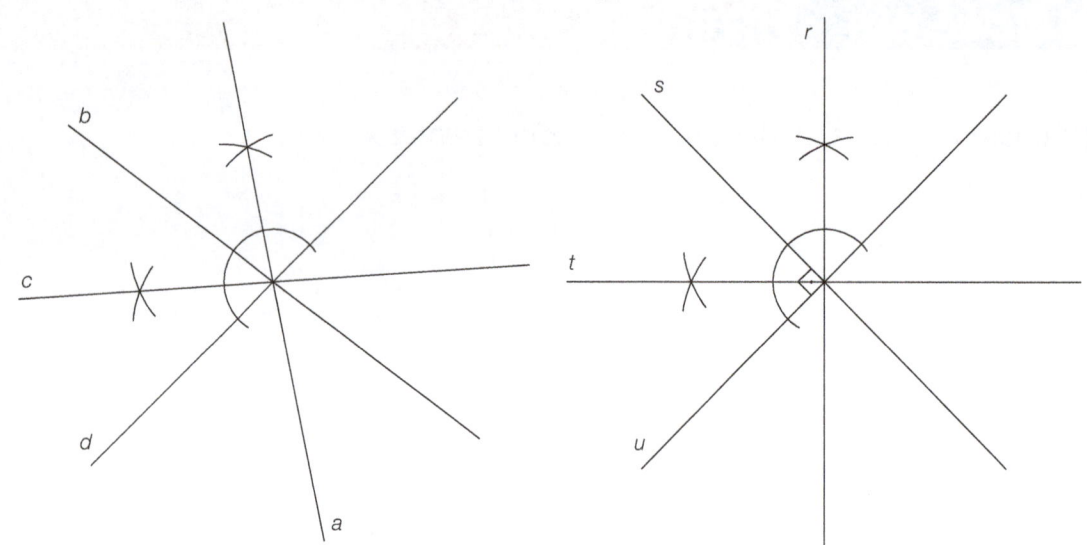

a) (   ) As retas *a* e *c* constituem o lugar geométrico dos pontos equidistantes das retas *b* e *d*.

b) (   ) O lugar geométrico dos pontos equidistantes das retas *a* e *c* são as retas *b* e *d*.

c) (   ) As retas *r* e *t* constituem o lugar geométrico dos pontos equidistantes das retas *s* e *u*.

d) (   ) Sendo *s* ⊥ *u*, essas retas formam o lugar geométrico dos pontos equidistantes das retas *r* e *t*.

5 Determine um ponto *P* equidistante das retas *m* e *n* e dos pontos *M* e *N* dados.

Roteiro

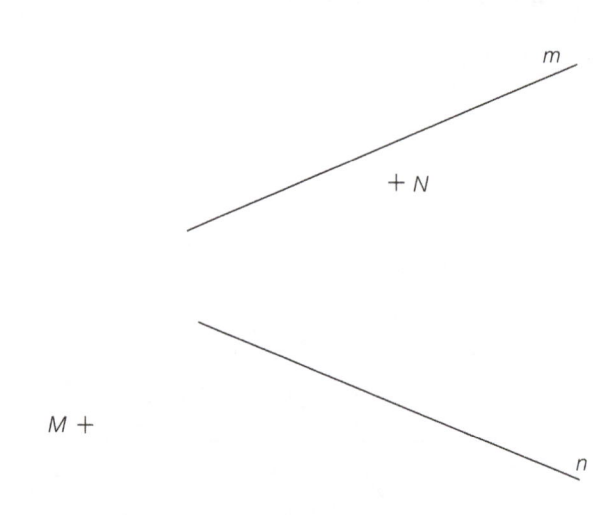

Construção

44 DESENHO GEOMÉTRICO • IDEIAS E IMAGENS

6 Determine um ponto Q distante 3 cm do ponto A e equidistante das retas x e y, dada a reta x e sabendo que a reta y concorre com x em A e forma com ela um ângulo de medida 60°.

Roteiro						Construção

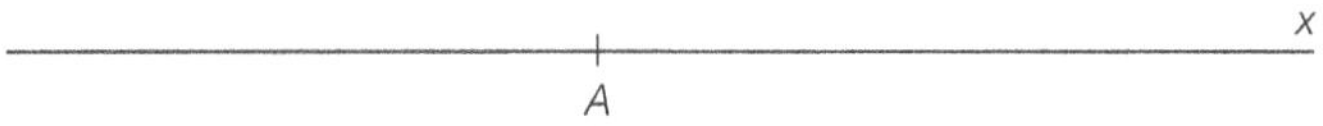

———————————|——————— x
				A

7 Determine um ponto P equidistante das retas paralelas x e y e distante 3 cm do ponto A, sendo A ponto médio de $\overline{RS}$.

Roteiro						Construção

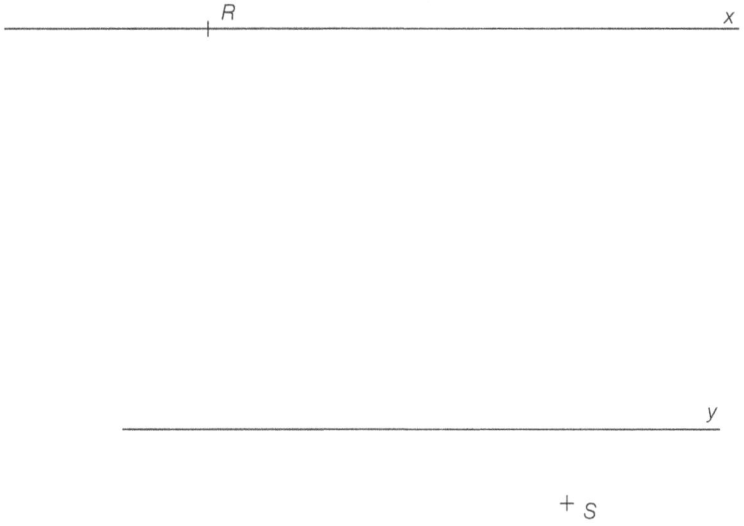

———————|————————————— x
		R

———————————————————— y

					+ S

8 Dadas as retas *d* e *j*, determine todos os pontos *A* que equidistam das retas dadas e distam 1,8 cm da reta *d*.

Roteiro

Construção

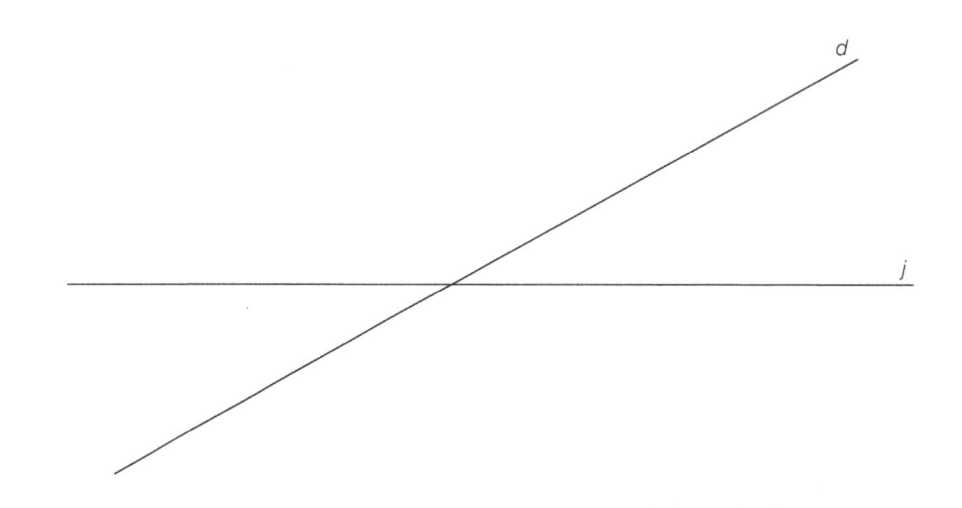

9 Determine um ponto *K* equidistante das retas paralelas *x* e *y* dadas e dos pontos *A* e *B*, sendo *A* dado e *B* ∈ *y*, tal que d(B, A) = 6 cm.

Roteiro   Construção

10. Construa a bissetriz (*b*) de um ângulo cujo vértice está inacessível, sendo *r* e *s* as retas que contêm seus lados.

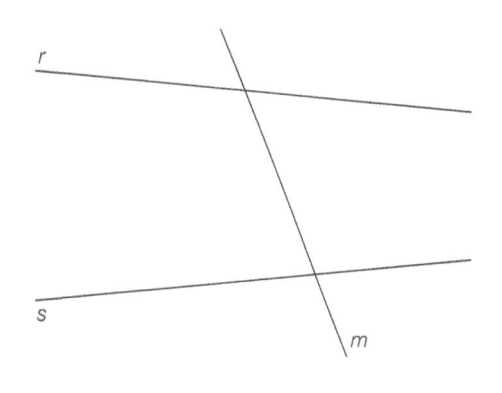

Tenho uma sugestão: trace uma reta auxiliar (*m*) concorrente com *r* e *s*.

Roteiro

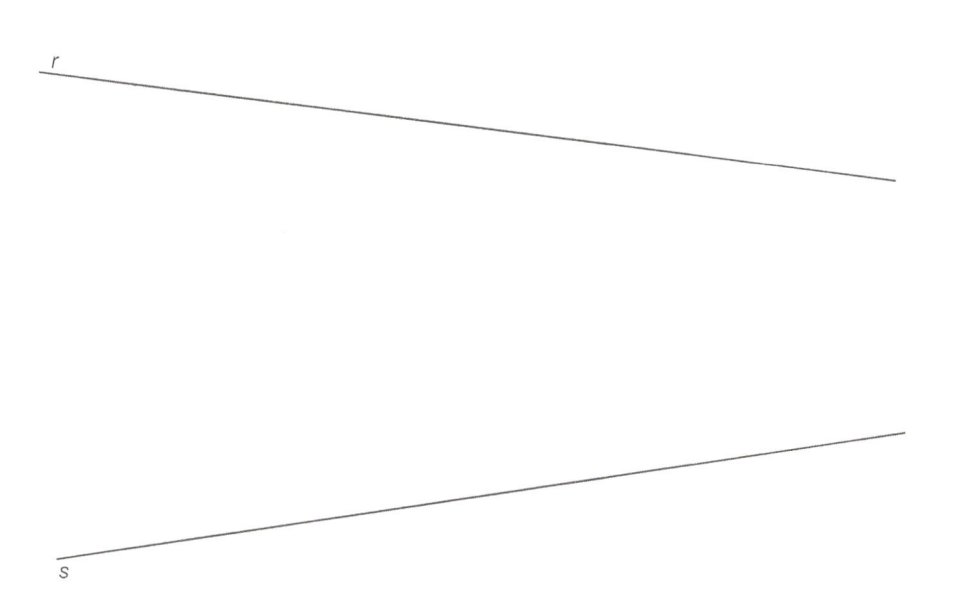

Construção

r

s

CAPÍTULO 2 • LUGARES GEOMÉTRICOS

Olhando ao redor

1 O desenho a seguir representa o mapa do transporte metropolitano de São Paulo. Examine a figura e sua legenda. Construa o que for necessário para responder às questões.

a) Qual a estação da linha 1 – Azul pertencente ao LG-1 de centro na estação Luz e raio 3,6 cm?

b) Distando 34 mm da estação Carandiru existe uma estação da linha 3 – Vermelha. Qual é essa estação?

c) Qual terminal rodoviário se encontra a 5,6 cm de distância da estação Saúde?

d) Quais estações da linha 4 – Amarela e da linha 2 – Verde estão no LG-1 → ⊗ (estação São Joaquim, 25 mm)?

e) Quantas e quais linhas o LG-1 → ⊗ (estação São Bento, 6,1 cm) corta?

Mapa do Transporte Metropolitano
Metropolitan Transport Network

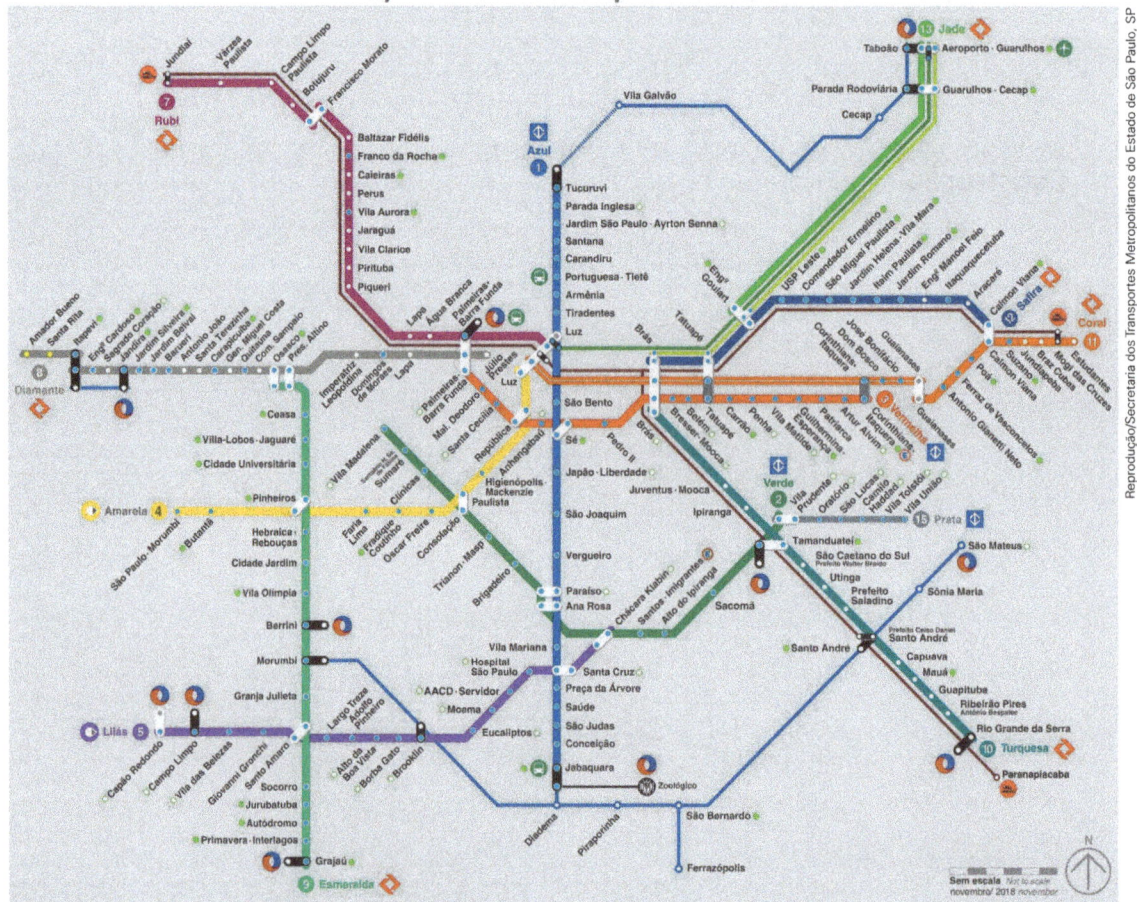

Disponível em: <www.metro.sp.gov.br>. Acesso em: fev. 2019.

2 Giovanni vai a Florianópolis e quer conhecer Joaquina, uma das melhores praias para surfar na cidade.

Ele comprou um mapa no aeroporto e verificou que a praia fica na costa leste da ilha de Santa Catarina. De acordo com seu mapa, a distância de Joaquina ao aeroporto é de 3,7 cm e a distância de Joaquina à Fortaleza Anhatomirim é de 10,4 cm.

Localize a praia de Joaquina usando os lugares geométricos.

Interpretação

O que o problema pede?

....

Que informações temos a respeito desse ponto?

1ª: ....

2ª: ....

Elas são características de lugares geométricos? ....

O que devemos construir?

....

Roteiro

Construção

Fonte: IBGE. *Atlas geográfico escolar*. 7. ed. Rio de Janeiro, 2016.

CAPÍTULO 2 • LUGARES GEOMÉTRICOS

3 Marcela e seu namorado planejaram pular o Carnaval em Salvador, Bahia. Eles combinaram de se encontrar no Farol da Barra. Chegando lá, o namorado de Marcela viu que havia uma multidão de foliões. Como encontrá-la? Pelo celular, Marcela lhe deu a localização: estava na rua perto da praia, à mesma distância do Farol da Barra e do Morro do Cristo e a 560 m de distância do trio elétrico (equivalente a 3,5 cm). Determine no mapa o local onde estava Marcela, sabendo que ela se encontrava perto do circuito oficial.

Multidão segue bloco carnavalesco, em Salvador (BA), em 2019.

Roteiro

Construção

Fonte: IBGE. *Atlas geográfico escolar*. 7. ed. Rio de Janeiro, 2016.

4 Brasília foi projetada pelos arquitetos Lucio Costa e Oscar Niemeyer para ser a capital de nosso país. Dois eixos que se cruzam em ângulo reto, sendo um deles arqueado, dão à cidade a forma de um avião em cujo corpo se localizam os prédios públicos e, nas asas, as superquadras residenciais. A residência oficial do presidente da República é o Palácio da Alvorada.

A Catedral de Brasília, projetada em forma de coroa, é uma das maiores obras da arquitetura mundial e está próxima à Asa Sul.

Localize a região em que estão o Palácio da Alvorada e a Catedral nesta figura, de acordo com as distâncias dadas: o Palácio da Alvorada está localizado a 10,7 cm do Observatório Meteorológico e a 13,3 cm do Jardim Zoológico; a Catedral está localizada a 1,2 cm do Congresso Nacional e a 2,6 cm da torre de TV.

Roteiro

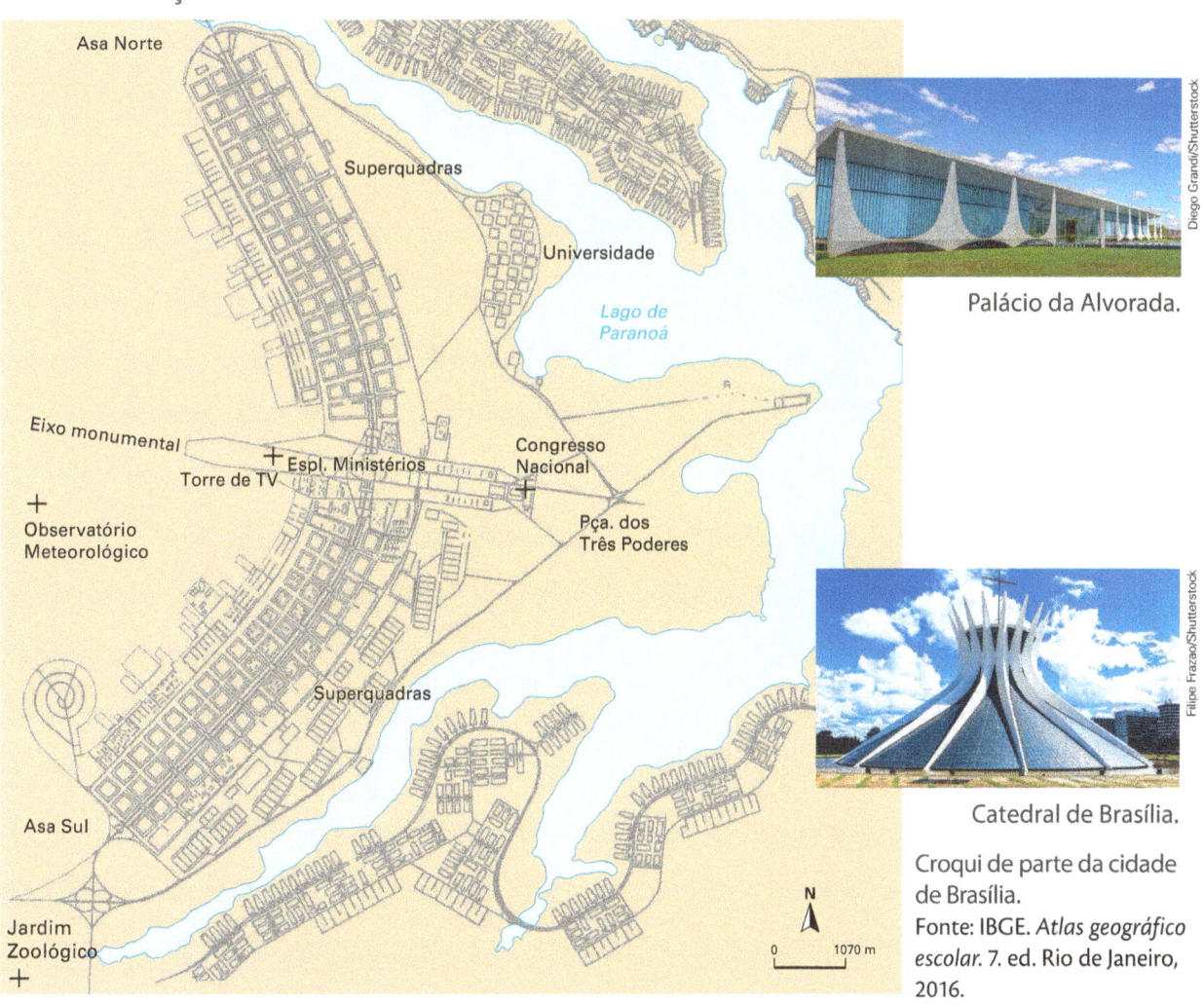

Construção

Palácio da Alvorada.

Catedral de Brasília.

Croqui de parte da cidade de Brasília.
Fonte: IBGE. *Atlas geográfico escolar*. 7. ed. Rio de Janeiro, 2016.

5 Você sabe determinar no mapa a seguir onde ficam Havana e Miami? Sabe-se que a escala do mapa é 1 : 32 000 000 e nele a distância de Havana a Nova York é de 6,7 cm e a de Havana a Los Angeles é de 11,3 cm, enquanto a distância de Miami a Detroit é de 5,6 cm e a de Miami a Boston é de 6,2 cm.

Roteiro

Construção

Fonte: IBGE. *Atlas geográfico escolar.* 7. ed. Rio de Janeiro, 2016.

Qual é a distância real entre Miami e Havana? Calcule e responda.

....
....
....
....

6. Uma das maiores riquezas do nosso planeta é a diversidade da fauna. Alguns animais, adaptados a determinadas regiões geográficas e climáticas, são característicos de certas áreas ou países.

Identifique as quatro espécies destacadas a seguir e associe-as aos locais (próxima página) onde elas podem ser encontradas. Use como referência os dados abaixo.
- No hemisfério sul, a 17 mm da linha do equador e a 65 mm do ponto P situado na Antártida, encontramos o **coala** a leste e o **guanaco** a oeste.
- No hemisfério norte, a 31 mm da linha do equador e a 92 mm do ponto A, podemos encontrar o **urso panda** a leste e a **águia** a oeste.

As imagens não estão representadas em proporção.

Coala.

Urso panda.

Águia.

Guanaco.

Roteiro

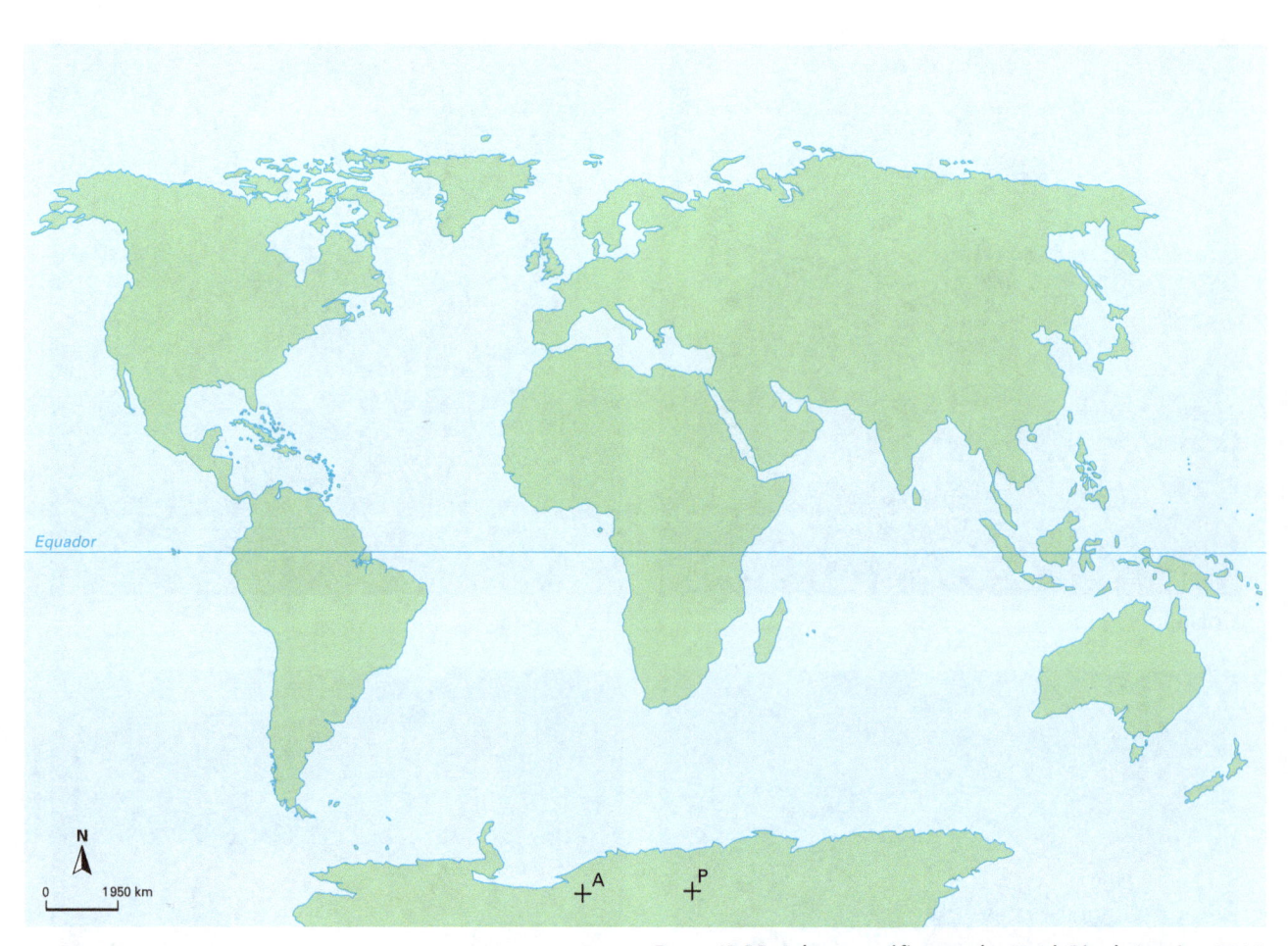

Construção

Fonte: IBGE. *Atlas geográfico escolar*. 7. ed. Rio de Janeiro, 2016.

Espécies: .... guanaco .... coala .... águia .... panda

Lugares: .... China .... Chile .... Estados Unidos .... Austrália

7 Uma agência de turismo está elaborando um mapa para orientar pessoas que visitam a cidade de São Paulo (SP) e querem conhecer alguns de seus pontos turísticos. Ajude o desenhista a completar o trabalho localizando no mapa três pontos:
- **Masp** (Museu de Arte de São Paulo), que fica na avenida Paulista (do lado oposto ao Parque Trianon) a 86 mm do cruzamento com a rua Augusta (*P*);
- **Monumento às Bandeiras** e **Teatro Maria Della Costa**, ambos situados a 37 mm da avenida Paulista. O monumento fica nos Jardins e dista 73 mm do Obelisco do Ibirapuera. O teatro fica perto do centro da cidade, a 54 mm da Igreja da Consolação.

Roteiro

Construção

(Croqui sem escala.)

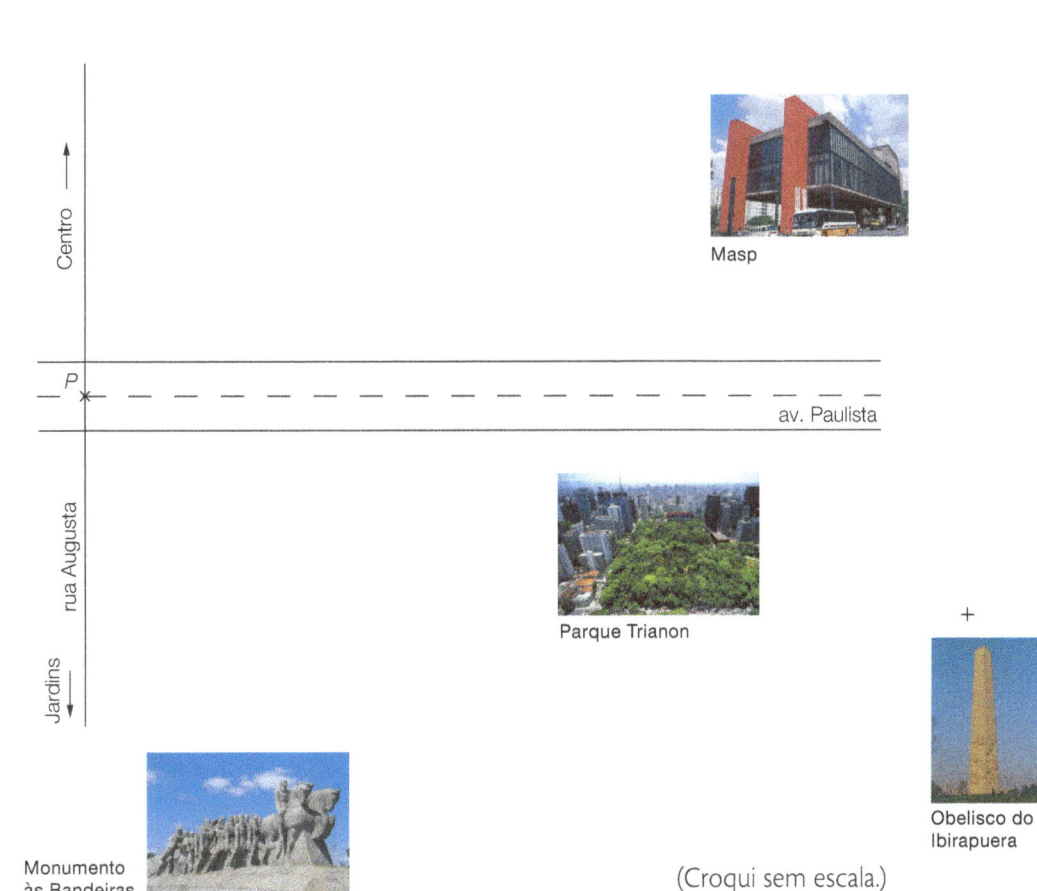

CAPÍTULO 2 • LUGARES GEOMÉTRICOS   55

8 Um grupo de estudantes foi excursionar em Campos do Jordão, no estado de São Paulo, viajando em dois ônibus. Visitaram juntos o Palácio do Governo e, depois, a Vila Inglesa e o Pico do Itapeva, de onde saíram para conhecer outro ponto turístico.

Uma obra no caminho fez com que se separassem, e o ônibus A perdeu-se, indo parar em um ponto localizado, em nosso mapa, a 2,7 cm da linha do bonde e a 7,4 cm do Poço dos Diamantes.

O ônibus B, após atravessar a linha do bonde, chegou ao local pretendido, distante 8,7 cm do Parque Ferradura e colinear com a Pedra do Baú e o Véu da Noiva.

Desenhe o trajeto dos dois ônibus com segmentos de reta.

Onde chegou cada ônibus?

Roteiro

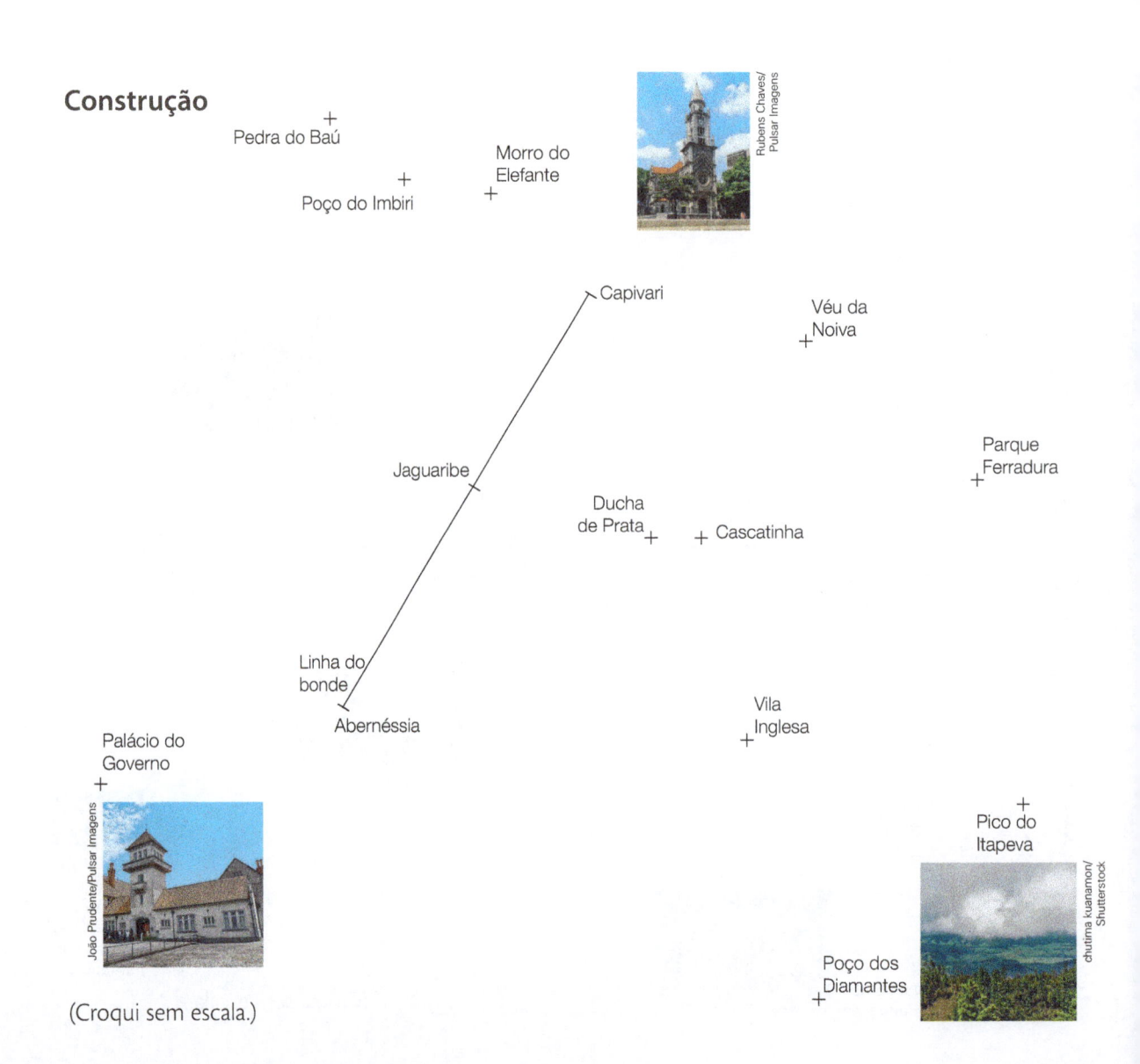

Construção

(Croqui sem escala.)

9 Stéfano mora perto do rio Batalha, em cujas margens foi construído um *camping*. O ponto de parada do ônibus que costuma trazer os campistas fica na margem da estrada, a 61 m da ilha e a 51 m da casa de Stéfano.

O melhor ponto do *camping* para mergulhar no rio é colinear com a casa de Stéfano e a ilha e dista 44 m da estrada. Lá foi instalado um trampolim.

Os campistas podem ir ao restaurante sem precisar atravessar o rio, seguindo do ponto de ônibus, em ângulo de 45° com a margem da estrada, por 38 m.

Complete o desenho, localizando o ponto de ônibus, o trampolim e o restaurante. Use a escala 1 : 1 000.

Roteiro

Construção

(Elementos fora de escala entre si.)

10 Com a expansão das atividades agropecuárias, houve aumento no consumo de água na fazenda de Manoel, Antônio e João. Para garantir o abastecimento, eles decidiram perfurar um poço, que ficará equidistante das casas dos três sócios. Onde deve ser perfurado o poço?

Roteiro

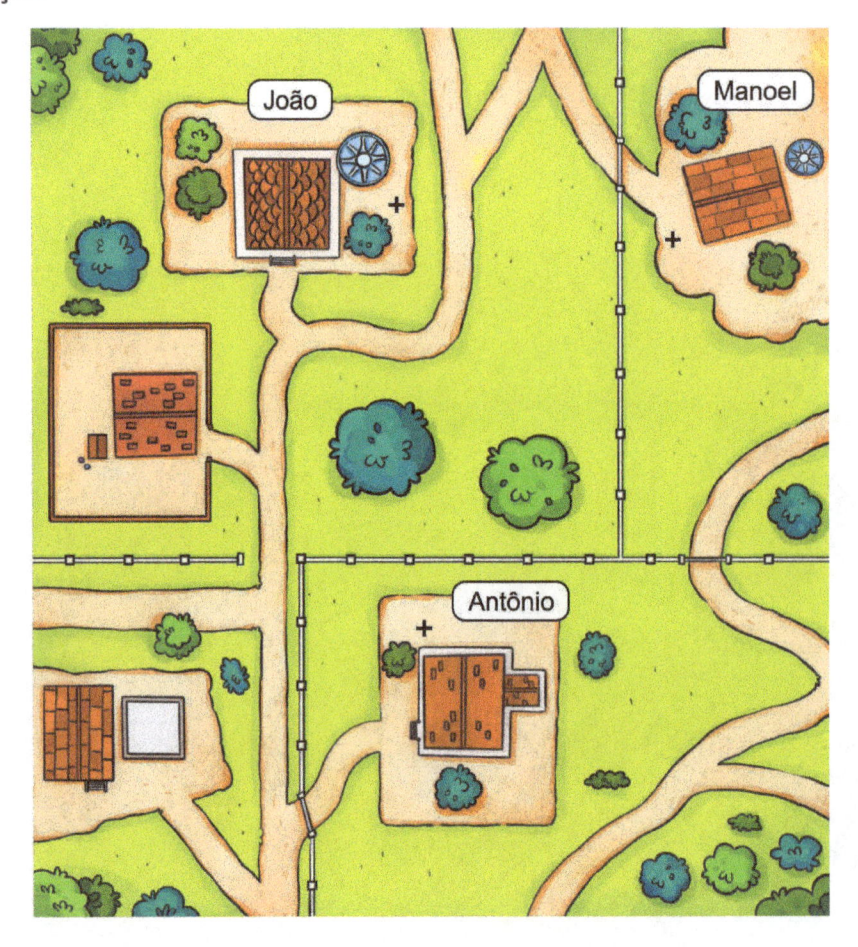

Construção

É sempre possível determinar a localização do poço, qualquer que seja a posição das casas? Justifique.

....

....

....

11 Observe o mapa do estado do Paraná e indique que cidades estão no LG-3 entre:

a) Paranaguá e Capanema: ....

b) Maringá e Pato Branco : ....

c) Foz do Iguaçu e Guaíra: ....

d) Laranjeiras do Sul e Irati: ....

e) Antonina e Ponta Grossa: ....

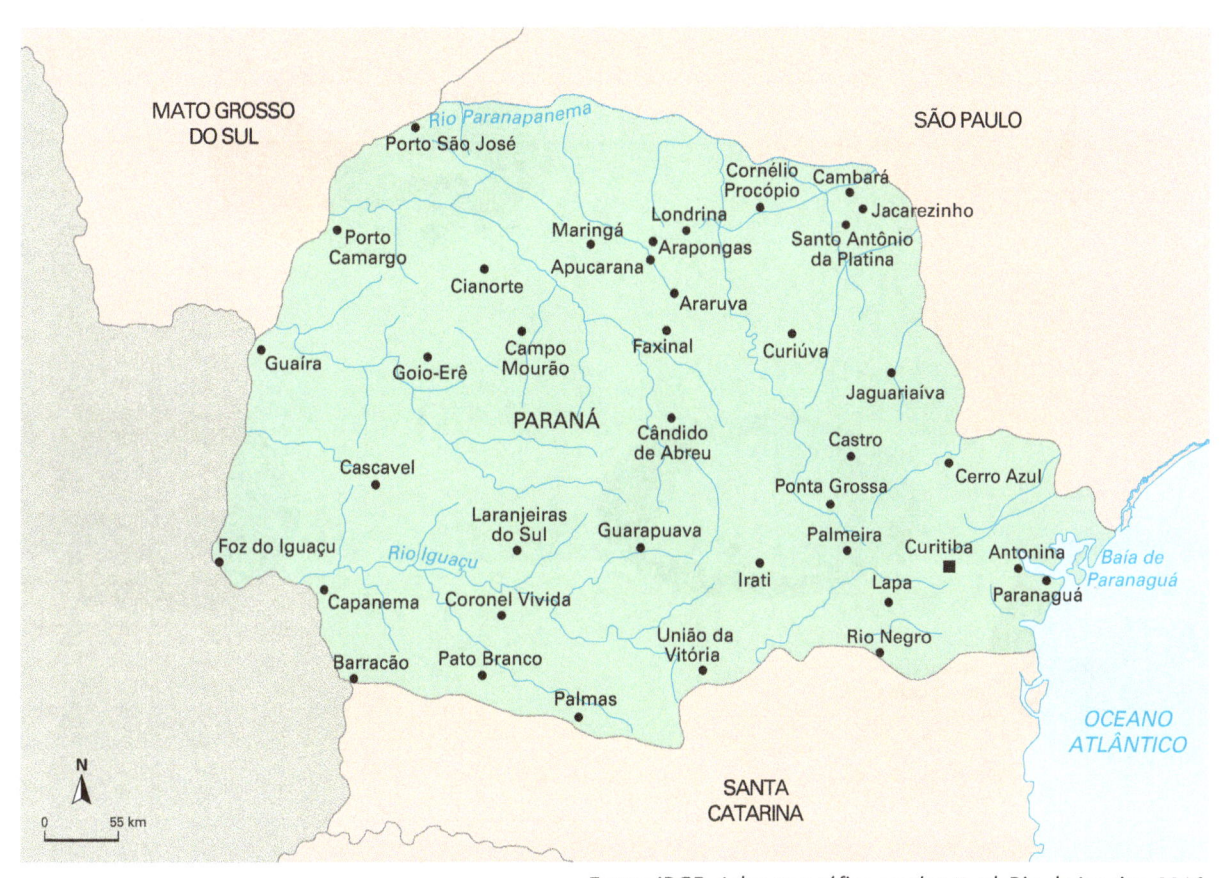

Fonte: IBGE. *Atlas geográfico escolar*. 7. ed. Rio de Janeiro, 2016.

12 Os alunos do 8º ano de uma escola fizeram uma excursão ao Parque Ibirapuera, em São Paulo. Encontraram-se no portão *A* e foram assistir a uma apresentação no Planetário, depois de passarem pela Casa Japonesa. O Planetário fica a 460 m do portão *C* e a 228 m da reta formada pela Casa Japonesa e pelo Pavilhão da Bienal. Em seguida, foram à Oca apreciar uma exposição de arte e, então, pararam em uma lanchonete que fica equidistante da Oca, do portão *A* e da Bienal. Para completar o passeio, participaram de oficinas do Museu de Arte Moderna (MAM) e brincaram com patins e *skates* sob sua marquise; depois, despediram-se no portão *D*.

Desenhe o trajeto da excursão ligando os locais visitados, pela ordem, usando segmentos de reta.

Roteiro

Construção

N
Escala
1 : 4000

+ portão C

Valmor Carvalho/Fotoarena

Marcia Minillo/Olhar Imagem
+ Oca

Arf Ribeiro/Shutterstock

Roney Lucio/Shutterstock
Casa
Japonesa +

Museu de
Arte Moderna
+

+
Bienal

portão A +

+ portão D

60 DESENHO GEOMÉTRICO • IDEIAS E IMAGENS

13 Você sabia que um centro geodésico é a interseção entre as linhas imaginárias traçadas dos extremos leste-oeste e norte-sul?

Demarcado pela Comissão Rondon em 1909, o centro geodésico da América do Sul está situado no Brasil. Você sabe onde fica?

Descubra esse ponto com o auxílio dos lugares geométricos, sabendo que a cidade procurada fica equidistante de Manaus e Rio Branco e também de Belém e Vitória.

O centro geodésico da América do Sul fica em ....

Obelisco no centro geodésico da América do Sul.

Roteiro

Construção

Fonte: IBGE. *Atlas geográfico escolar*. Rio de Janeiro, 2007.

14 Na atividade anterior você descobriu onde fica o centro geodésico da América do Sul. E o centro geodésico do Brasil, você sabe onde fica? Vamos descobrir? Sabe-se que ele está à mesma distância de Campo Grande e Recife e de Boa Vista e Florianópolis. Volte ao mapa da página anterior e localize-o.

Fica em ....

Roteiro

15 Para chegar ao Sambódromo e participar do desfile de Carnaval, as integrantes da escola de samba Acadêmicos do Pandeiro utilizaram diferentes meios de transporte.

As passistas foram de metrô; as baianas, de ônibus; e a madrinha da bateria, de táxi.
Indique no desenho da próxima página onde elas estão, sabendo que:
- as passistas encontram-se em uma estação de metrô distante 300 m da avenida I (do lado da praça) e estão equidistantes da estação A e do centro de convenções;
- as baianas estão à mesma distância do estacionamento e do hospital, a 220 m do centro de convenções, em uma das avenidas da região;
- a madrinha da bateria está à mesma distância do centro de convenções, do hospital e do pronto-socorro.

(Use 1 cm para cada 100 metros.)

Roteiro

Construção

As imagens não estão representadas em proporção.

16 O jogo de dominó foi trazido ao Brasil pelos portugueses no período colonial e virou passatempo dos escravos.

Acredita-se que esse jogo tenha sido criado na China por um soldado chamado Hung Ming, que viveu de 243 a.C. a 181 a.C. O nome provavelmente deriva da expressão latina *domino gratias* ("graças a Deus"), dita pelos padres europeus quando jogavam.

Fonte de pesquisa: DUARTE, Marcelo. *O guia dos curiosos*. São Paulo: Cia. das Letras, 1995.

Aqui propomos um jogo de dominó diferente, cujo objetivo é juntar as peças associando os lugares geométricos com suas figuras ou com suas características.

LG-4b	Distância de ponto a reta		Par de retas paralelas	LG-4a		LG-3	Par de retas concorrentes		LG
Equidistância de duas retas x	LG-3		LG-3	Btz		LG-4a	Uma reta		LG
LG-1	Mediatriz do segmento-distância		LG-2	Mtz		Equidistância de dois pontos	LG-1		⊗
⊗	LG-2		LG-4a	Equidistância de duas retas paralelas		LG-4b	Distância de ponto a ponto		Mtz

- Copie as peças em papel-cartão e recorte-as (podem ser ampliadas).
- Você pode jogar sozinho(a) ou em dupla, sorteando as peças e alternando a vez dos jogadores.
- Coloque a peça LG ┊ LG no centro de uma mesa e, a partir dela, inicie o jogo.
- Como no jogo de dominó tradicional, vence quem conseguir posicionar todas as suas peças primeiro.

17 Este é o castelo de Chenonceau, considerado um dos mais bonitos da França. Em seus jardins, podemos reconhecer estruturas que lembram os lugares geométricos estudados.

Vista do jardim de Diane de Poitiers, com formas que lembram figuras geométricas, tendo ao fundo o castelo de Chenonceau (norte da França).

Associe cada número ao lugar geométrico correspondente:

1. ....

2 e 3. ....

4. ....

5 e 6. ....

18 A região conhecida como Serra Gaúcha é muito visitada por turistas. Identifique no mapa algumas das cidades dessa região serrana do estado do Rio Grande do Sul de responda às perguntas.

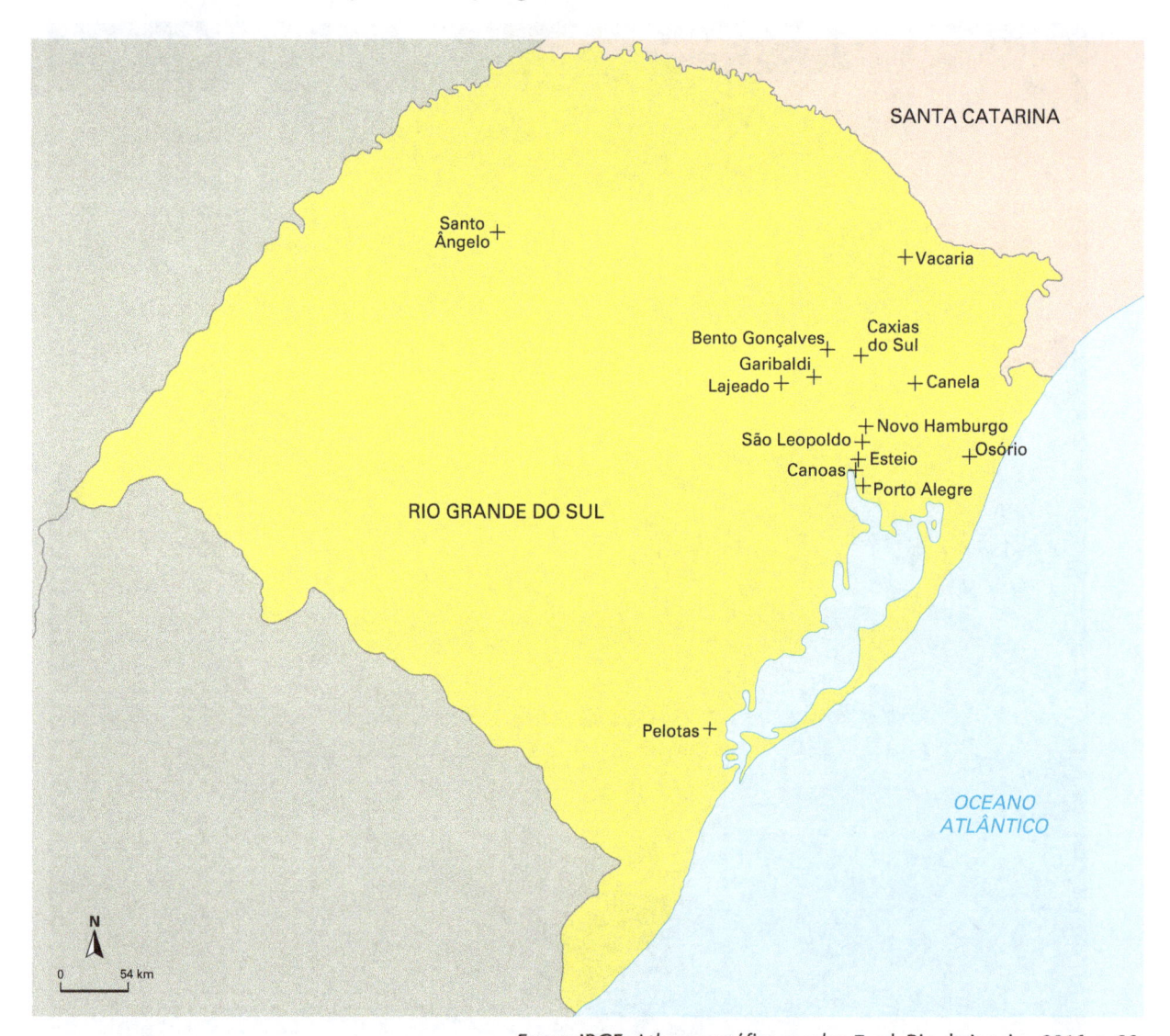

Fonte: IBGE. *Atlas geográfico escolar*. 7. ed. Rio de Janeiro, 2016. p. 90.

a) Quais são as cidades que distam 17 mm de Porto Alegre?

....

b) Quais são as cidades que equidistam de Santo Ângelo e Pelotas?

....

c) Quais são as cidades que equidistam das retas que se cruzam em Vacaria, passando uma por Osório e a outra por Lajeado?

....

19. No interior do estado de Pernambuco é possível encontrar diversos formas de artesanato. Na cidade de Tracunhaém a produção é de cerâmica; em Passira, tapeçaria; em Ibimirim, santos talhados em madeira; em Poção, rendas; e, em Caruaru, encontramos a famosa cerâmica figurativa, legado do Mestre Vitalino.

Localize no mapa de Pernambuco a seguir as cidades de:

- **Ibimirim**, que dista 7 cm de Olinda e equidista das retas determinadas pelas cidades de Petrolina e Ouricuri e pelas cidades de Carpina e Palmares;
- **Caruaru**, que é equidistante de Surubim e Gravatá e dista 2,5 cm de Recife;
- **Poção**, distante 2,6 cm da reta determinada por Carpina e Palmares e colinear com Caruaru e Serra Talhada.

Roteiro

Construção

Botes de festa em cerâmica, Vitalino Pereira dos Santos.

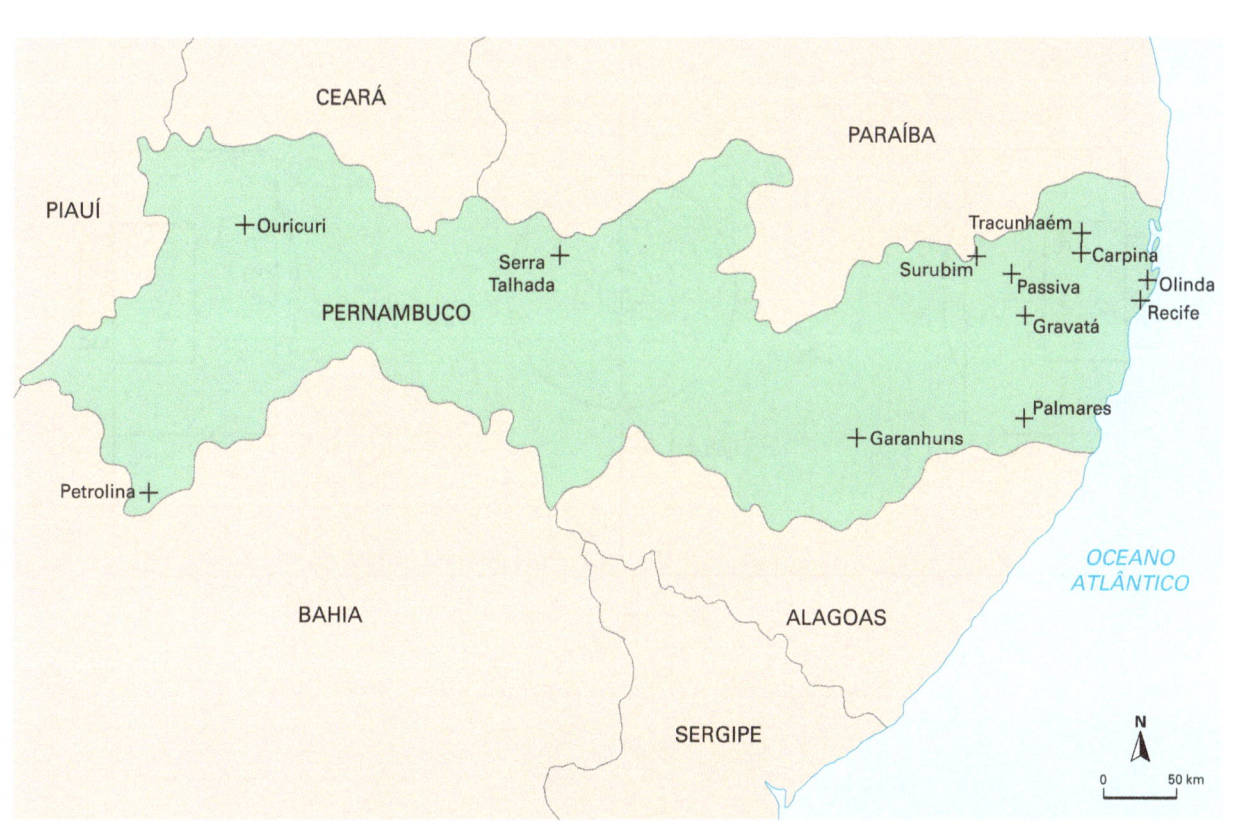

Fonte: IBGE. *Atlas geográfico escolar*. 7. ed. Rio de Janeiro, 2016. p. 90.

20. Leia a descrição de uma troca de passes entre os jogadores de um time de futebol que resultou em um gol.

Marcos chuta a bola para Lúcio; este a passa para Gilberto, que a lança para Carlos. Carlos está equidistante dos dois bandeirinhas (B_1 e B_2) e sua distância até Felipe é de 5,6 cm no desenho.

Carlos passa a bola para Rodrigo, que está a 4,1 cm da linha de fundo ($\overline{ZY}$) e equidistante dessa linha de fundo com a linha lateral ($\overline{YX}$).

Rodrigo prepara-se, gira 105° para a sua direita e chuta. É gol!!!!

Agora, desenhe o lance localizando os jogadores que faltam na figura. Desenhe também o trajeto da bola desde Marcos.

Roteiro

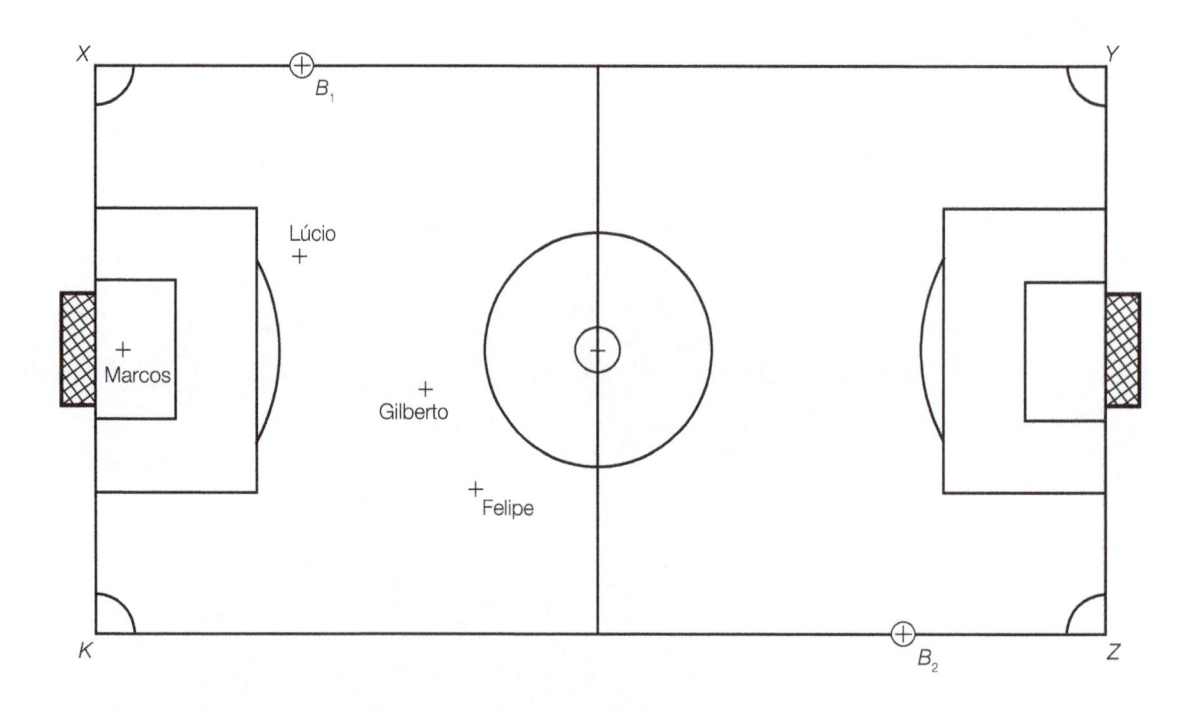

Construção

CAPÍTULO 3

Os triângulos e as cevianas

Os triângulos destacam-se por serem os "mais simples" dos polígonos e pelo fato de estruturas com seu formato apresentarem muitas aplicações, principalmente na Engenharia Civil.

As estruturas em formato triangular são usadas na Engenharia Civil porque, quando aplicamos uma pressão em seus vértices, elas não se deformam, mantendo-se inalteradas suas medidas.

Observe a imagem da torre de Shukhov, na qual podemos identificar o uso de estruturas triangulares.

Estruturas triangulares compõem a torre de Shukhov, em Moscou, na Rússia.

Compreendendo ideias

Retomando o estudo de triângulos

O triângulo é um polígono formado por três lados.

Elementos de um triângulo

No triângulo representado ao lado:

- os pontos A, B e C são os vértices;
- os segmentos de reta AB, BC e CA são os lados, de medidas a, b e c, respectivamente;
- os ângulos $\hat{A}$, $\hat{B}$ e $\hat{C}$ são os ângulos internos;
- os ângulos $A\hat{B}X$, $B\hat{C}Z$ e $C\hat{A}Y$ são os ângulos externos.

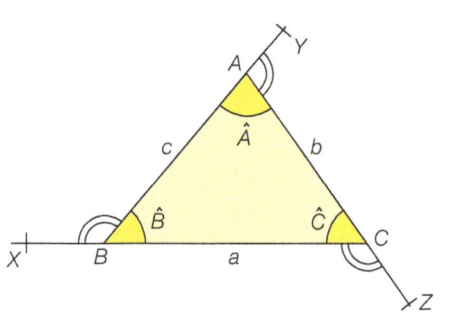

Condição de existência de um triângulo

Em um triângulo qualquer, a medida de cada lado é menor do que a soma das medidas dos outros dois lados.

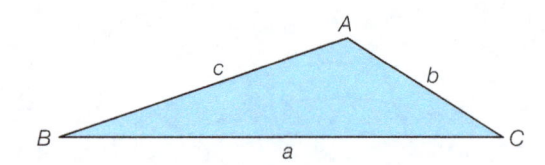

No triângulo ao lado:
$a < c + b$
$b < c + a$
$c < a + b$

Relação entre lados e ângulos

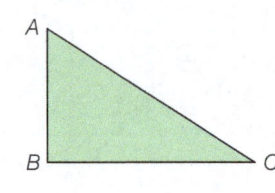

O maior lado ($\overline{AC}$) é oposto ao maior ângulo ($\hat{B}$).

O menor lado ($\overline{AB}$) é oposto ao menor ângulo ($\hat{C}$).

Soma das medidas dos ângulos internos de um triângulo

A soma das medidas dos ângulos internos de qualquer triângulo é sempre 180°.

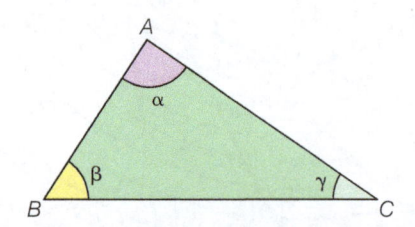

Na figura:
$\alpha + \beta + \gamma = 180°$

Medida dos ângulos externos

A medida de cada ângulo externo é igual à soma das medidas dos dois ângulos internos não adjacentes a ele.

$$\Omega = \beta + \gamma, \Theta = \alpha + \beta \text{ e } \varphi = \alpha + \gamma$$

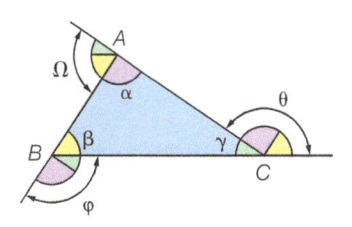

Classificação de triângulos

Os triângulos podem ser classificados quanto aos lados e quanto aos ângulos.

Classificação quanto aos lados

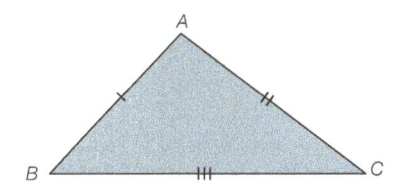

Triângulo escaleno: seus três lados têm medidas diferentes.

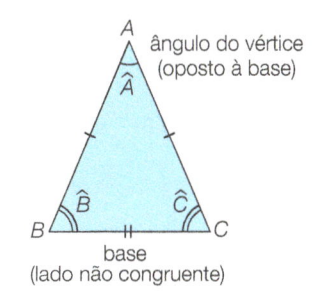

Triângulo isósceles: tem ao menos dois lados congruentes.
Na figura:
- os lados $\overline{AB}$ e $\overline{AC}$ são congruentes;
- os ângulos $\hat{B}$ e $\hat{C}$ são congruentes.

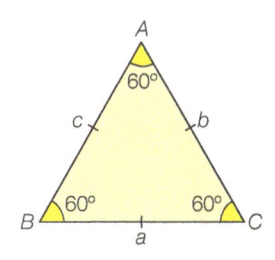

Triângulo equilátero: tem os três lados congruentes.
Na figura:
- todos os lados são congruentes ($a = b = c$);
- todos os ângulos são congruentes com medida de 60° cada um.

Classificação quanto aos ângulos

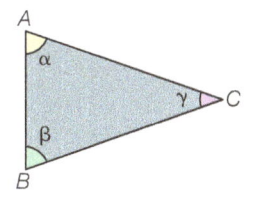

Triângulo acutângulo: seus três ângulos internos são agudos.
Na figura:
$0° < \alpha < 90°, 0° < \beta < 90°$ e $0° < \gamma < 90°$

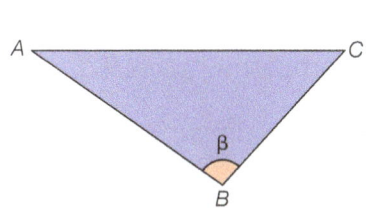

Triângulo obtusângulo: tem um ângulo interno obtuso.

Na figura:
$90° < \beta < 180°$

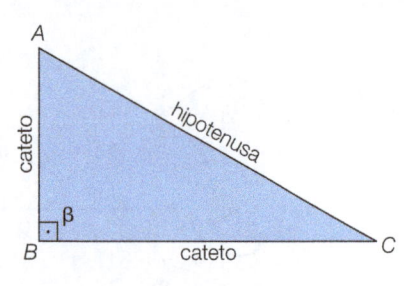

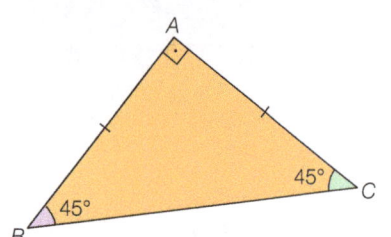

Triângulo retângulo: tem um ângulo interno reto. Na figura, β = 90°.

Em um triângulo retângulo, os lados que formam o ângulo reto chamam-se **catetos** ($\overline{AB}$ e $\overline{BC}$) e o lado oposto ao ângulo reto chama-se **hipotenusa** ($\overline{AC}$).

Triângulo retângulo isósceles: em um triângulo retângulo isósceles, seus catetos são congruentes. Na figura:

- os lados $\overline{AB}$ e $\overline{AC}$ são congruentes;
- $m(\hat{B}) = m(\hat{C}) = 45°$.

Você em ação

1) Analise as afirmações a seguir e responda se elas são verdadeiras (**V**) ou falsas (**F**).

a) Todo triângulo equilátero é acutângulo. (..............)

b) Todo ângulo externo é suplemento do ângulo interno adjacente. (..............)

c) Um triângulo isósceles só pode ter ângulos agudos. (..............)

d) Em todos os triângulos, a medida de um lado é menor que a soma das medidas dos outros dois lados. (..............)

e) Se um triângulo possui dois lados congruentes, os ângulos opostos a esses lados são congruentes. (..............)

f) A soma das medidas dos ângulos internos de um triângulo é sempre igual a 360°. (..............)

g) Em um triângulo ABC, as medidas dos lados $\overline{AB}$, $\overline{BC}$ e $\overline{CA}$ são, respectivamente, c, a e b. (..............)

h) Os esquadros têm a forma de triângulos. Um deles é escaleno e o outro é equilátero. (..............)

i) Os ângulos agudos de um triângulo retângulo são complementares. (..............)

j) Em todo triângulo isósceles, a medida do ângulo externo do vértice oposto à base é o dobro da medida de cada ângulo da base. (..............)

2 Dê as medidas dos ângulos, indicando-as nas figuras.

a) Triângulo ABC equilátero (lados AB, AC, BC congruentes).

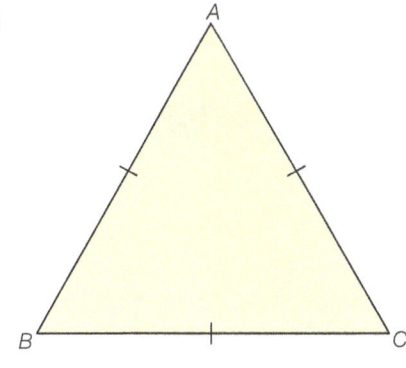

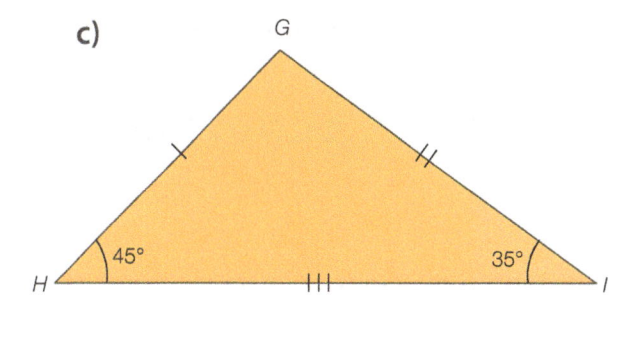

b) Triângulo DEF retângulo em E, com ângulo D = 55°.

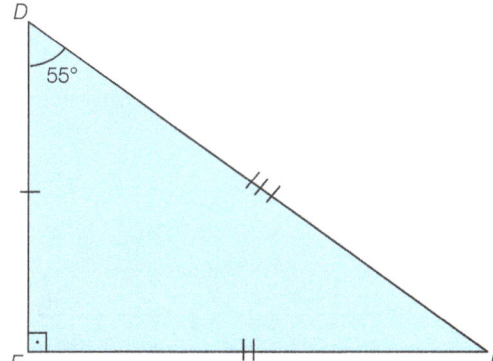

c) Triângulo GHI com ângulo H = 45° e ângulo I = 35°.

d) Triângulo JKL isósceles (JK ≅ JL), com ângulo K = 70°.

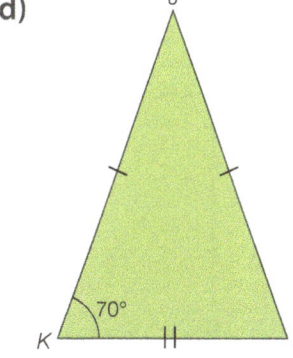

3 De acordo com a classificação dos triângulos, complete:

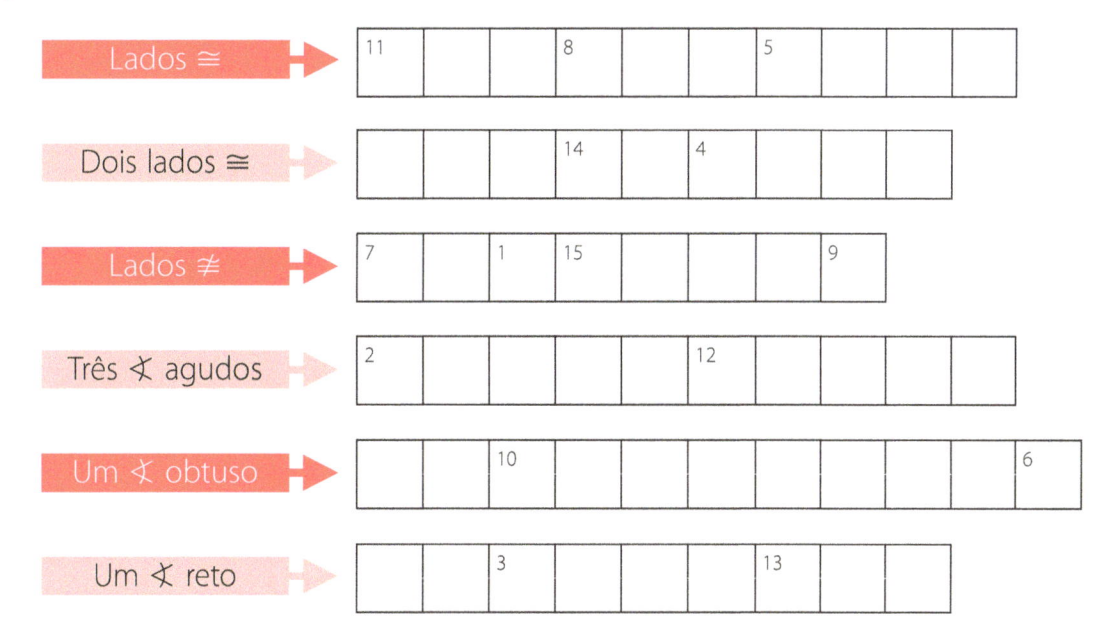

Lados ≅									
	11			8			5		

Dois lados ≅								
			14		4			

Lados ≇								
	7		1	15			9	

Três ∢ agudos								
	2				12			

Um ∢ obtuso								
		10						6

Um ∢ reto								
		3			13			

Organizando as letras dos quadrinhos numerados, surgirão os nomes dos lados de um polígono com três lados e um ângulo de 90°.

1	2	3	4	5	6		7		8	9	10	11	12	13	14	15
									H				P			

CAPÍTULO 3 • OS TRIÂNGULOS E AS CEVIANAS

Compreendendo ideias

Cevianas e pontos notáveis de um triângulo

Ceviana é todo segmento que tem uma extremidade em um vértice do triângulo e a outra no lado oposto. As cevianas de um triângulo, que vamos estudar a seguir, são **altura**, **mediana** e **bissetriz interna**.

Alturas de um triângulo

Altura de um triângulo é a ceviana perpendicular a um lado do triângulo.

Conforme o tipo de triângulo, a altura pode ser externa e perpendicular ao prolongamento do lado desse triângulo.

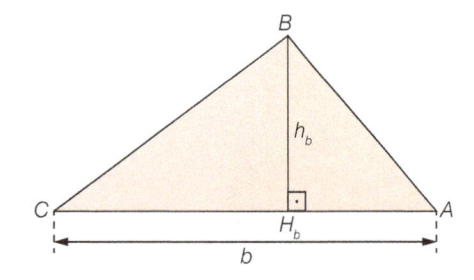

$\overline{BH_b}$ é a altura relativa ao lado de medida b.

h_b é a medida da altura $\overline{BH_b}$.

H_b é o pé da altura.

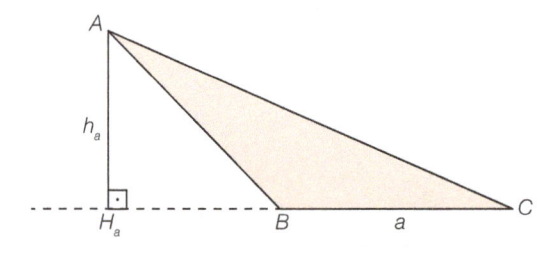

$\overline{AH_a}$ é a altura relativa ao lado de medida a.

h_a é a medida da altura $\overline{AH_a}$.

H_a é o pé da altura.

$\overline{BH_a}$ é o prolongamento do lado $\overline{BC}$.

Todo triângulo possui três alturas. Essas alturas se cruzam em um ponto O chamado de **ortocentro** (*orto*, "reto", vem de ortogonal, cujo significado é "que forma ângulo reto", ou seja, 90°).

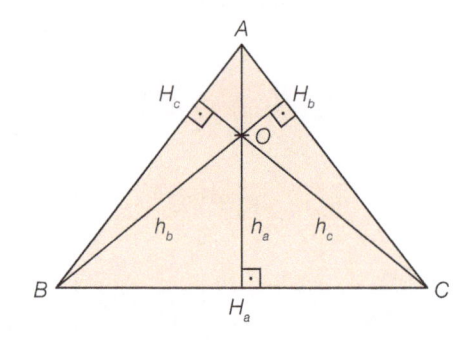

Você sabia?

- O nome ceviana é uma homenagem ao matemático italiano Giovanni Ceva. Ele formulou, em 1678, um teorema estabelecendo as condições para que três cevianas sejam concorrentes.
- Geralmente usamos a letra h para nomear altura em referência à palavra inglesa *height*, "altura".

Construindo imagens

Construção de uma das alturas de um triângulo dado

- **Dados:** △ABC, △DEF e △GHI
- **Construir:** $\overline{AH_a}$, $\overline{DH_d}$ e $\overline{GH_g}$, alturas dos triângulos

Procedimento para construção:

Para construir uma altura, trace uma perpendicular de um vértice ao lado oposto ou à reta suporte desse lado.

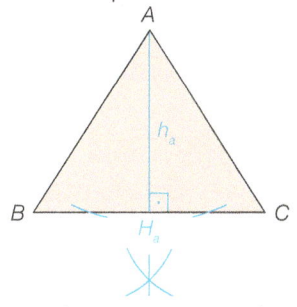

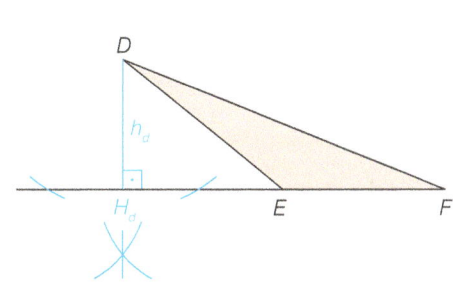

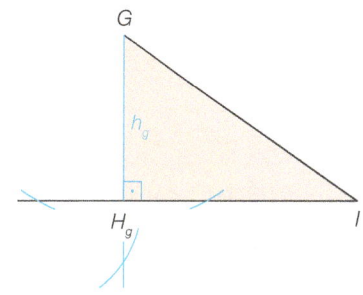

Observe que a altura pode ser interna, externa ou mesmo coincidente com um lado, dependendo do tipo de triângulo.

Para você construir:

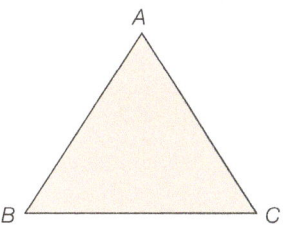

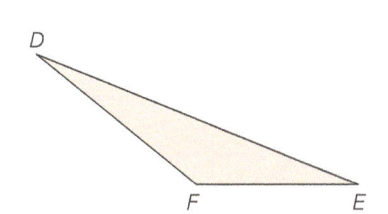

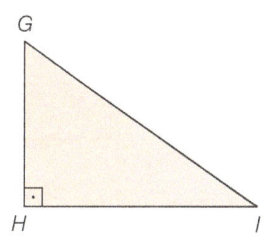

Construção das três alturas de um triângulo e determinação do ortocentro (O)

- **Dado:** △ABC
- **Construir:** O, ortocentro do △ABC

Procedimento para construção:

Trace as três alturas do triângulo e marque o ponto O na interseção das alturas.

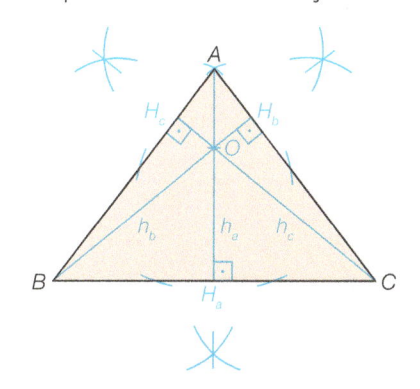

Para você construir:

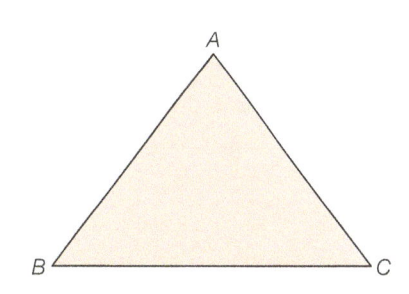

Você em ação

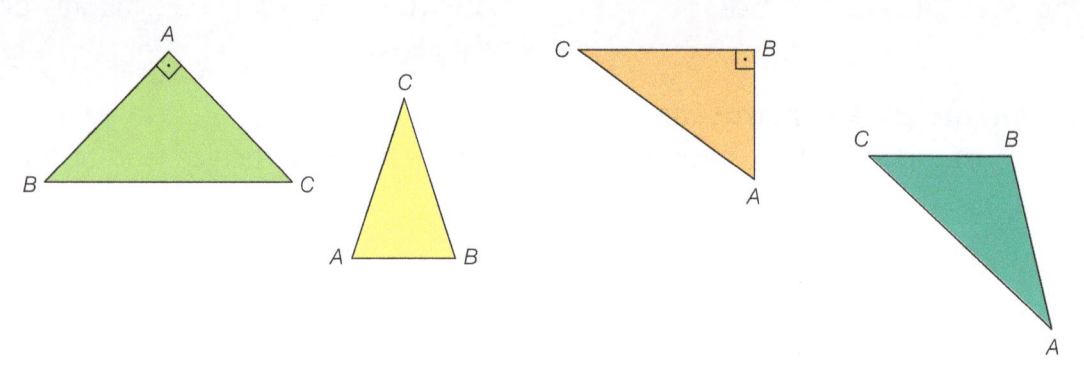

1 Nos triângulos abaixo, construa a altura relativa ao lado $\overline{BC}$.

2 Construa as três alturas de cada triângulo dado e determine o seu ortocentro.

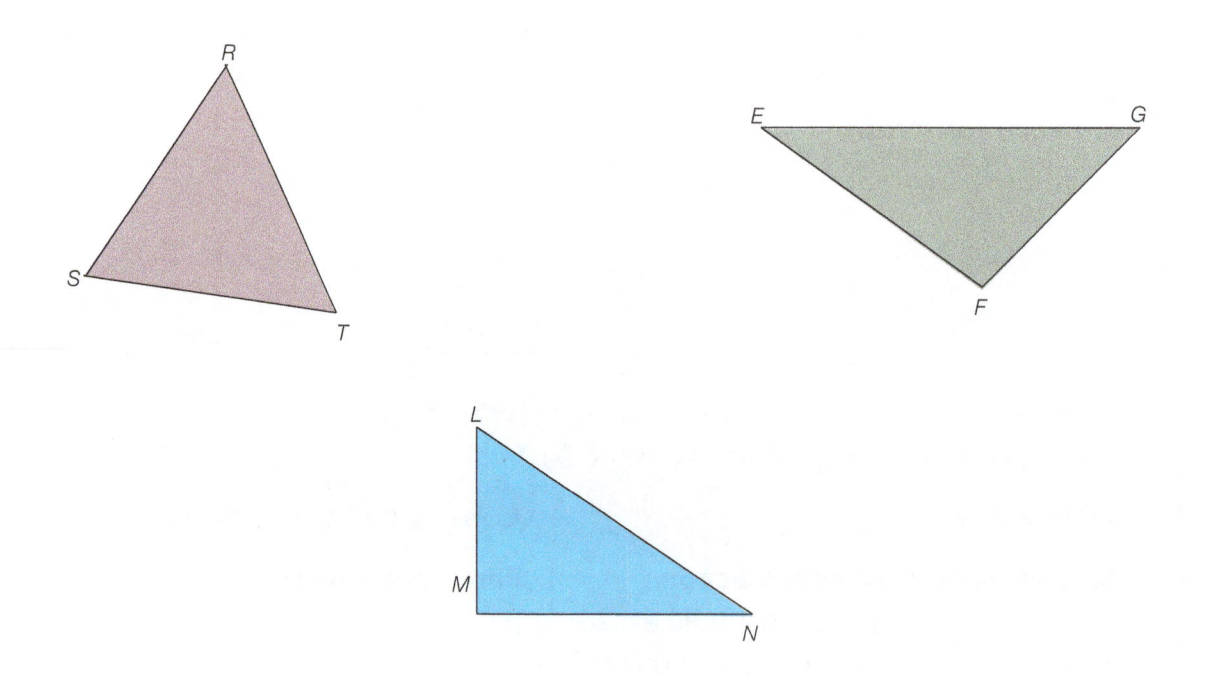

Agora, compare os resultados e escreva suas conclusões sobre o ortocentro e sua relação com os diferentes tipos de triângulo.

....
....
....
....

Compreendendo ideias

Medianas de um triângulo

Mediana de um triângulo é a ceviana com uma extremidade no ponto médio do lado oposto.

Por exemplo:

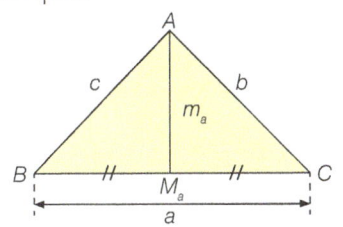

$\overline{AM_a}$ é a mediana relativa ao lado de medida a.

m_a é a medida da mediana $\overline{AM_a}$.

M_a é o pé da mediana $\overline{AM_a}$ e ponto médio do lado de medida a.

Todo triângulo possui três medianas, cada uma delas relativa a um lado. Essas medianas se cruzam em um ponto B chamado de **baricentro**.

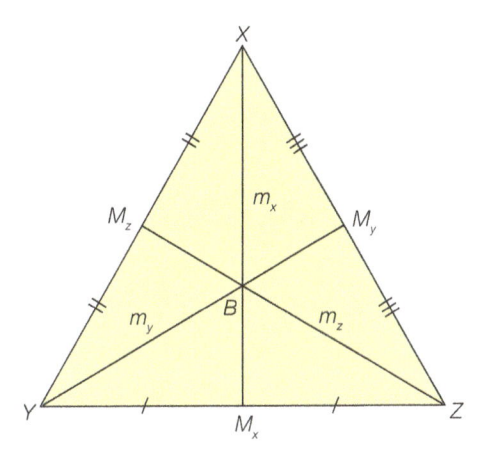

Propriedade

O baricentro situa-se a $\frac{1}{3}$ do comprimento da mediana a partir do ponto médio do lado correspondente a ela.

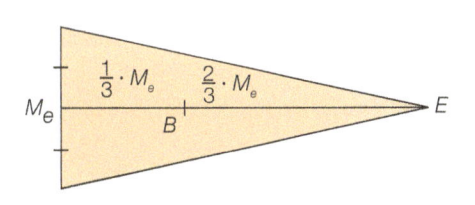

Você sabia?

- O baricentro é o centro de gravidade do triângulo. A palavra baricentro vem do grego *barús*, que significa "peso", "gravidade".
- Ao suspendermos um triângulo de material homogêneo pelo seu baricentro, ele fica em equilíbrio.

Construindo imagens

Construção de uma mediana de um triângulo dado

- **Dado:** △ABC
- **Construir:** $\overline{AM_a}$, mediana do △ABC

Procedimento para construção:

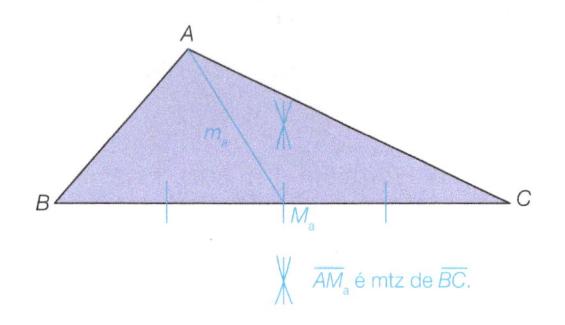

Encontre o ponto médio (M_a) do lado $\overline{BC}$ e trace o segmento $\overline{AM_a}$.

$\overline{AM_a}$ é mtz de $\overline{BC}$.

Para você construir:

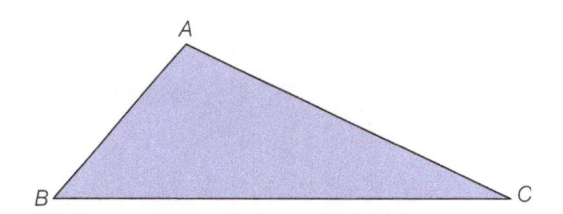

Construção das três medianas de um triângulo e determinação do baricentro (B)

- **Dado:** △EFG
- **Construir:** B, baricentro do △EFG

Procedimento para construção:

Trace as três medianas do triângulo e marque o ponto B na interseção das medianas.

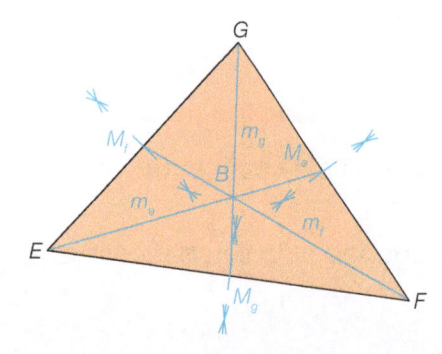

Para você construir:

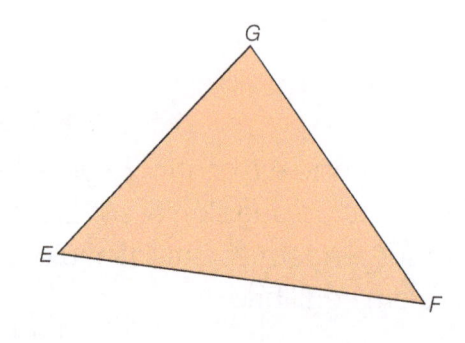

78 DESENHO GEOMÉTRICO • IDEIAS E IMAGENS

Você em ação

1) Construa nos triângulos a seguir o que se pede.

   a) $\overline{RM}_r$ 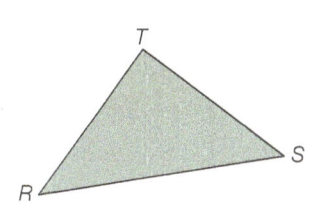

   b) M_x 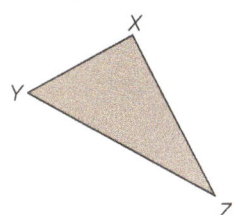

   c) o segmento de medida m_b

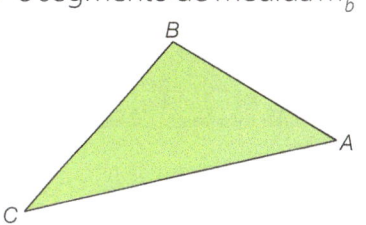

2) Construa as três medianas do triângulo DEF dado e determine seu baricentro. Em seguida, verifique a propriedade desse ponto notável por transporte de segmentos.

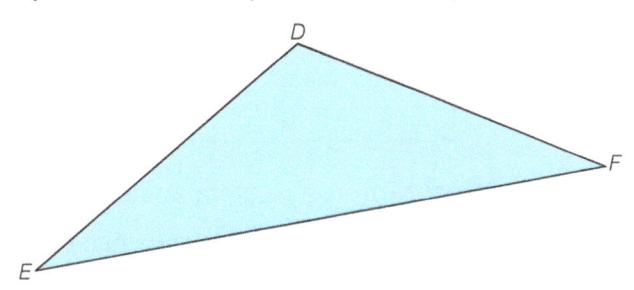

3) Complete o triângulo XYZ, sendo $\overline{XM}_x$ uma de suas medianas.

   Roteiro
   Determinar o ponto Z tal que Z seja a interseção do segmento XM_x e LG-1 $\rightarrow \otimes (M_x, YM_x)$.

   Construção

4) Determine o ponto S e desenhe o triângulo RST, sabendo que o ponto B dado é o seu baricentro.

   Roteiro
   Determinar o ponto M_s tal que M_s seja a interseção do segmento RT com a mediatriz do segmento RT. Depois, determinar o ponto S tal que S seja a interseção da reta BM_s e LG-1 $\rightarrow \otimes (B, 2 \cdot BM_s)$.

   Construção

CAPÍTULO 3 • OS TRIÂNGULOS E AS CEVIANAS

5 Faça a seguinte experiência: desenhe em uma folha de cartolina um triângulo qualquer e localize seu baricentro. Recorte o triângulo e equilibre-o, com a ajuda de um lápis, pelo seu baricentro. Ele deverá ficar na posição horizontal em relação à superfície em que foi apoiada a outra extremidade do lápis, comprovando que o baricentro é o centro de gravidade do triângulo.

Compreendendo ideias

Bissetrizes internas de um triângulo

Bissetriz interna é uma ceviana que divide um ângulo interno de um triângulo em dois ângulos congruentes.

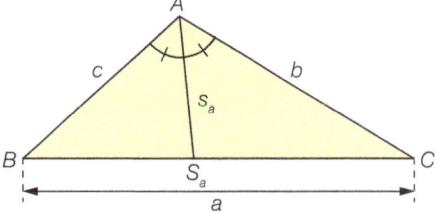

$\overline{AS_a}$ é a bissetriz interna relativa ao lado de medida a.

s_a é a medida da bissetriz interna $\overline{AS_a}$.

S_a é o pé da bissetriz interna $\overline{AS_a}$.

Todo triângulo possui três bissetrizes internas. Essas bissetrizes internas se cruzam em um ponto *I* chamado de **incentro**.

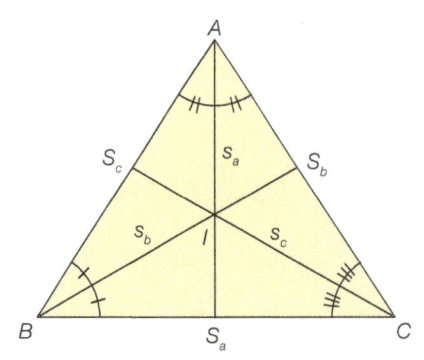

Propriedade

O incentro é um ponto equidistante dos lados do triângulo.

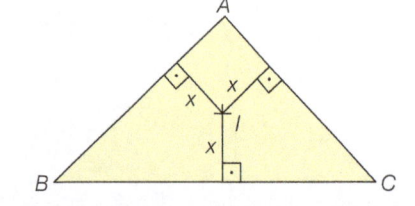

$d(I, \overline{AC}) = d(I, \overline{AB}) = d(I, \overline{BC}) = x$

Construindo imagens

Construção de uma bissetriz de um triângulo dado

- **Dado:** △ABC
- **Construir:** $\overline{BS}_b$, bissetriz interna do △ABC

Procedimento para construção:

Trace a bissetriz do ângulo com vértice em B.

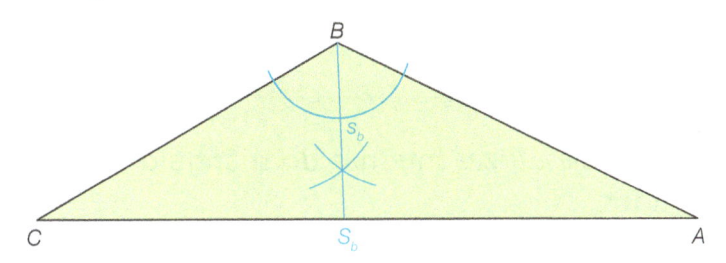

Para você construir:

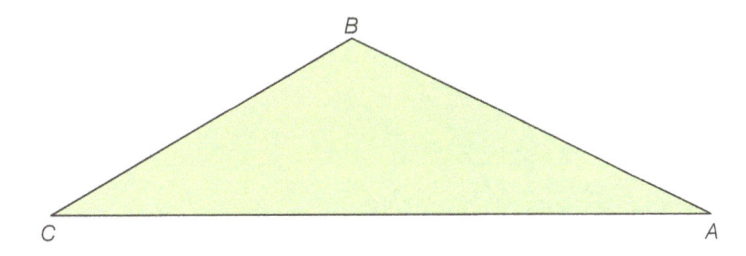

Construção das três bissetrizes internas de um triângulo e determinação do incentro (I)

- **Dado:** △ABC
- **Construir:** I, incentro do △ABC

Procedimento para construção:

Trace as três bissetrizes do triângulo e marque o ponto I na interseção das bissetrizes.

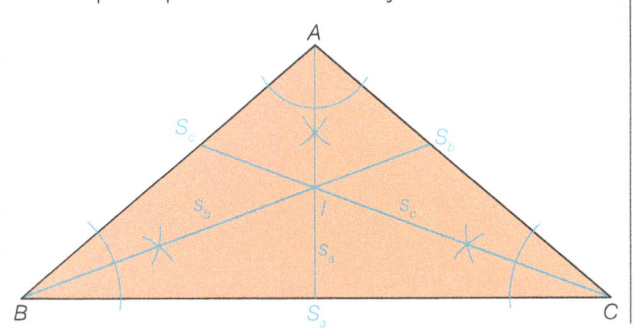

Para você construir:

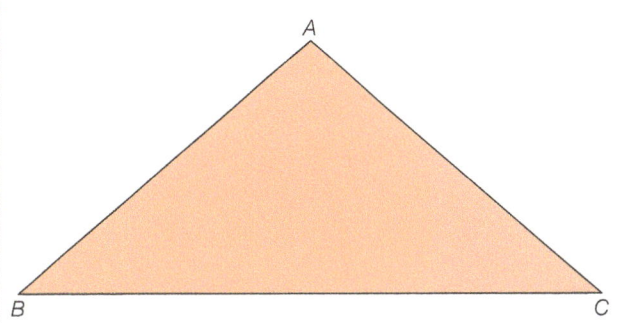

CAPÍTULO 3 • OS TRIÂNGULOS E AS CEVIANAS

Você em ação

1 Construa:

a) $\overline{AS}_a$

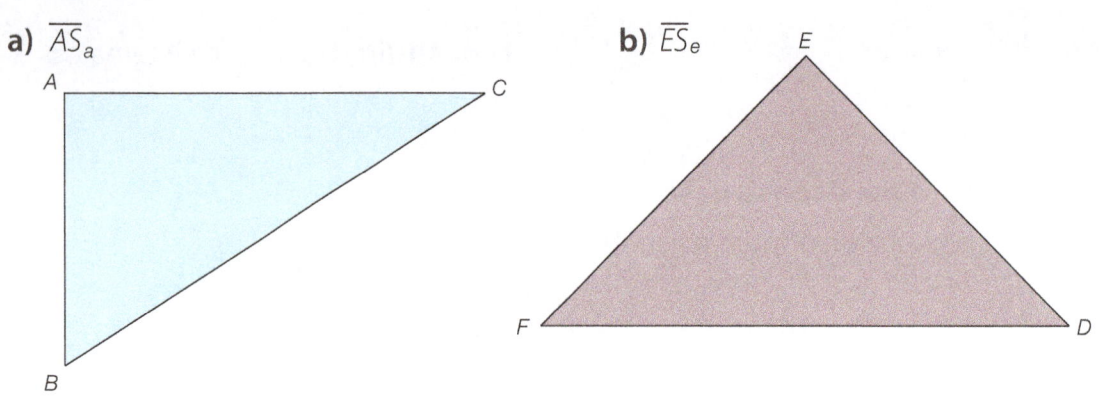

b) $\overline{ES}_e$

2 Construa todas as bissetrizes internas do triângulo *OPQ* dado e nomeie todos os elementos obtidos.

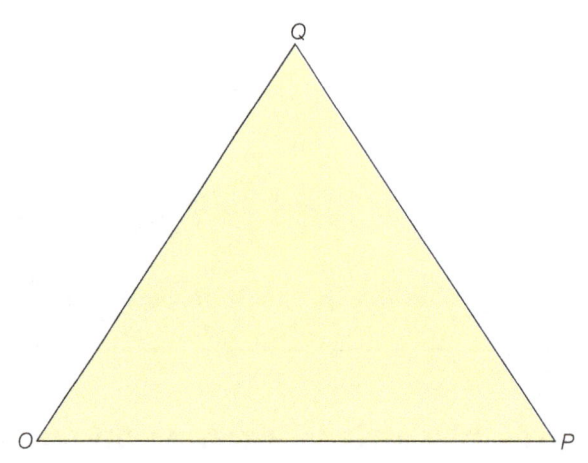

3 Construa o incentro do triângulo *CDE* dado e verifique sua propriedade, medindo as distâncias do incentro aos lados do triângulo.

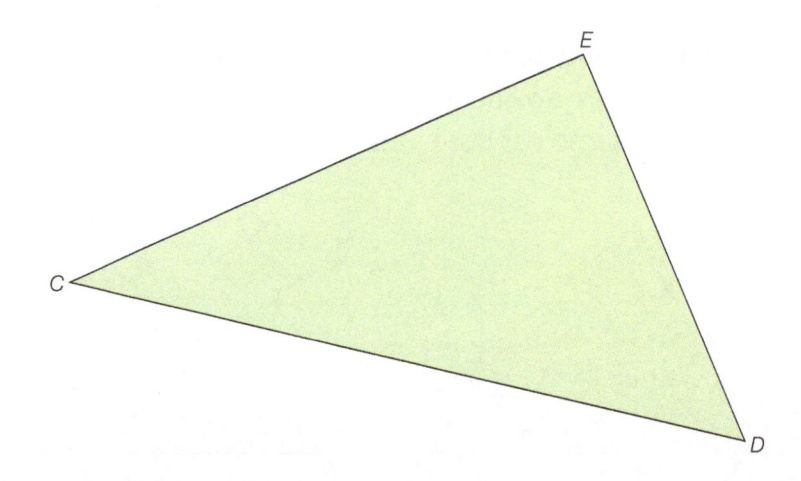

Compreendendo ideias

Circunferência inscrita em um triângulo

Uma circunferência é inscrita em um triângulo quando está no interior do triângulo e possui apenas um ponto em comum com cada um de seus lados.

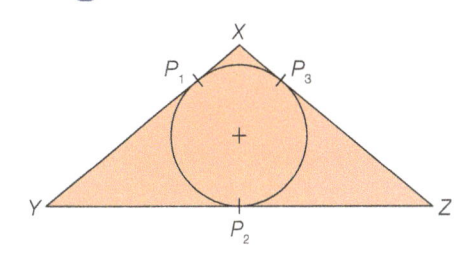

O centro da circunferência inscrita é o incentro, interseção das bissetrizes internas do triângulo.

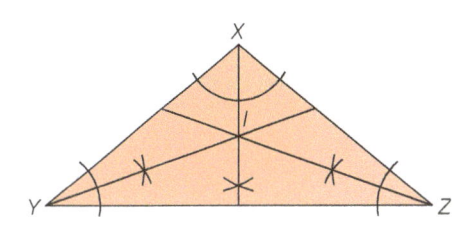

Sendo o incentro equidistante dos lados do triângulo, o raio da circunferência inscrita no triângulo é a distância do incentro a qualquer lado ($\overline{IM}$, por exemplo).

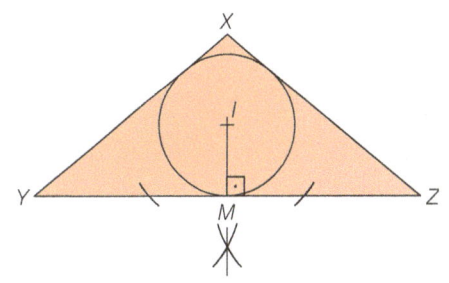

Construindo imagens

Construção da circunferência inscrita em um triângulo dado

- **Dado:** △ABC
- **Construir:** circunferência inscrita no △ABC

Passos da construção:

1º) Construa as bissetrizes dos três ângulos internos.

2º) Determine I na interseção das bissetrizes.

3º) Construa uma perpendicular a um dos lados por I e determine o ponto P.

4º) Desenhe a circunferência de centro em I, com raio de medida IP.

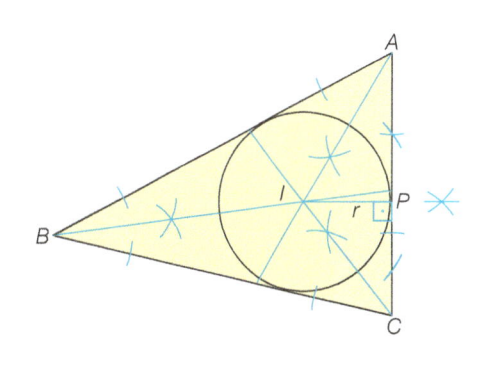

Para você construir:

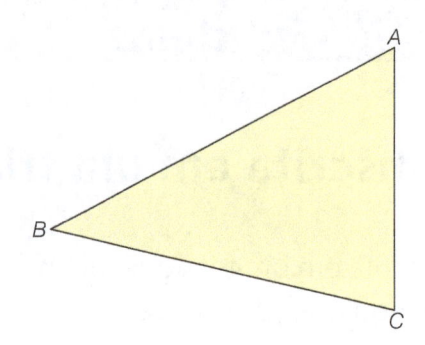

Você em ação

1 Construa as circunferências inscritas nos triângulos.

a) Dado o seu incentro (*I*).

b) Conhecendo a bissetriz interna $\overline{DS_d}$ e um ponto *P* da circunferência.

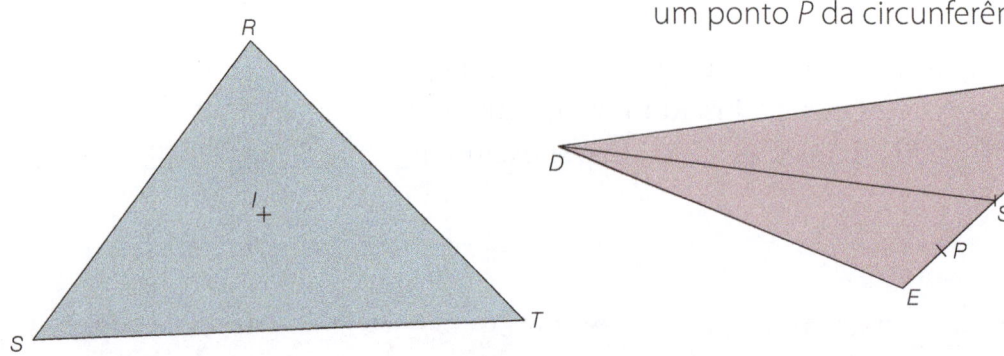

2 Construa a circunferência inscrita no triângulo *MNP* abaixo.

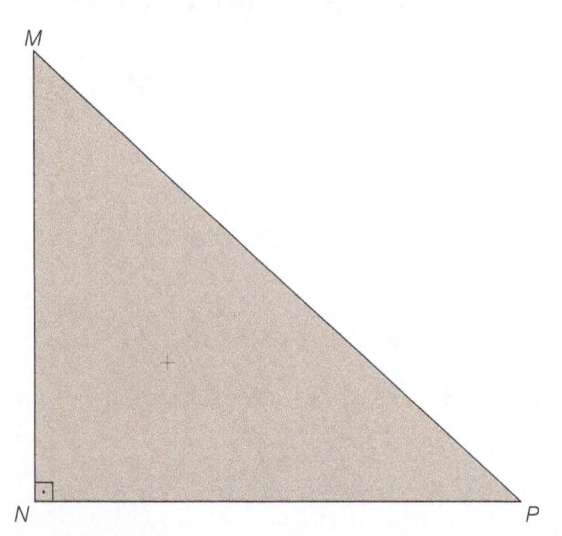

Compreendendo ideias

Circunferência circunscrita a um triângulo

Uma circunferência é circunscrita a um triângulo quando passa por todos os seus vértices.

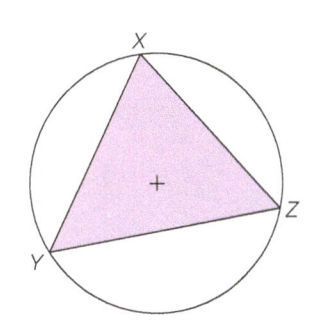

Em todo triângulo, o centro da circunferência circunscrita é o circuncentro, ponto de interseção das mediatrizes dos lados do triângulo.

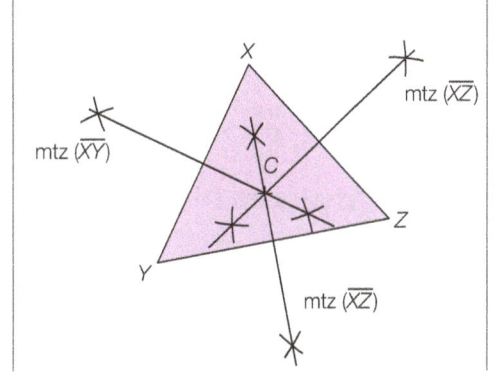

Assim, o circuncentro é equidistante dos vértices do triângulo, sendo essa distância igual à medida do raio da circunferência circunscrita.

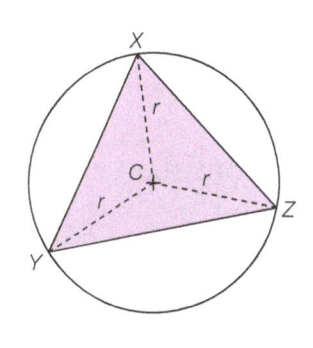

Construindo imagens

Construção da circunferência circunscrita a um triângulo dado

- **Dado:** △XYZ
- **Construir:** circunferência circunscrita ao △XYZ

Passos da construção:

1º) Construa as mediatrizes dos lados do triângulo XYZ.

2º) Determine o circuncentro C na interseção das mediatrizes.

3º) Desenhe a circunferência de centro em C, com raio de medida CX (ou CY ou CZ).

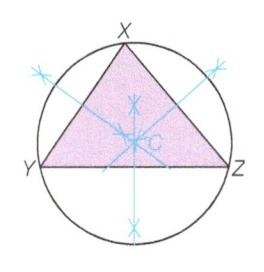

Para você construir:

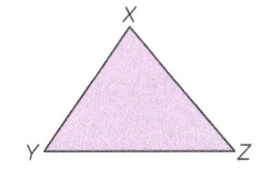

CAPÍTULO 3 • OS TRIÂNGULOS E AS CEVIANAS

Você em ação

1 Construa a circunferência circunscrita a um triângulo *LMN*, dado o circuncentro.

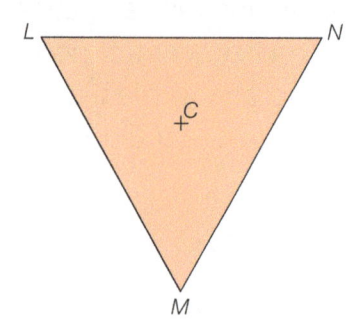

2 Construa a circunferência circunscrita ao triângulo *XYZ*.

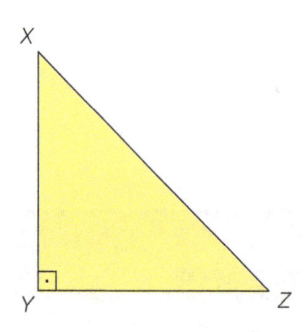

3 Dado o triângulo *EFG*, desenhe uma circunferência circunscrita a ele.

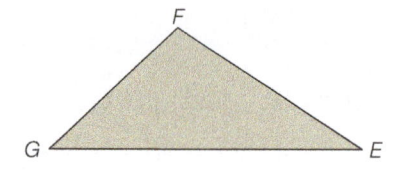

4 Com base nas construções feitas, o que é correto afirmar quanto à posição do circuncentro em relação aos diferentes tipos de triângulo?

....

....

Compreendendo ideias

As cevianas nos triângulos isósceles

Considere um triângulo isósceles ABC, em que $\overline{AB} \cong \overline{AC}$.

◆ Construa:

- altura $\overline{BH}_b$;
- mediana $\overline{BM}_b$;
- bissetriz interna $\overline{BS}_b$.
- Dê as medidas:

    $h_b =$ ....

    $m_b =$ ....

    $s_b =$ ....

◆ Agora, construa:

- altura $\overline{AH}_a$;
- mediana $\overline{AM}_a$;
- bissetriz interna $\overline{AS}_a$.
- Dê as medidas:

    $h_a =$ ....

    $m_a =$ ....

    $s_a =$ ....

◆ Compare as medidas e as posições das cevianas construídas e escreva suas conclusões.

....

....

....

Propriedade

Em qualquer triângulo isósceles, as cevianas relativas à base são ....

Você em ação

1) Se um triângulo *PRQ* é isósceles e os lados congruentes são $\overline{PR}$ e $\overline{RQ}$, é **errado** afirmar que:

a) $\overline{RH}_r = \overline{RM}_r$

b) $\overline{RS}_r = \overline{RH}_r = \overline{RM}_r$

c) $\overline{PH}_p = \overline{PM}_p$

d) $Q\hat{R}M_r \cong M_r\hat{R}P$

2) Defina:

Ortocentro ....

....

Baricentro ....

....

Incentro ....

....

....

Circuncentro ....

....

....

Lembrar esses nomes é "BICO":
Baricentro
Incentro
Circuncentro
Ortocentro

3) Atribua a cada ponto notável o número que corresponde a sua(s) característica(s).

1: só pode ser interno ao triângulo

2: pode ser interno ou externo ao triângulo

3: pode pertencer a um dos lados do triângulo

4: pode coincidir com um dos vértices do triângulo

Ortocentro: ....

Baricentro: ....

Incentro: ....

Circuncentro: ....

4 Classifique cada afirmação a seguir em verdadeira (**V**) ou falsa (**F**).

a) As medianas de um triângulo são as retas que passam pelos pontos médios de seus lados. (............)

b) Altura de um triângulo é o segmento de extremidade no vértice e perpendicular ao lado oposto a esse vértice. (............)

c) As bissetrizes de um triângulo são as cevianas que dividem os ângulos externos em dois ângulos adjacentes. (............)

d) A mediatriz não é ceviana, pois não passa necessariamente por um vértice do triângulo. (............)

e) O baricentro está situado na metade de cada mediana do triângulo. (............)

f) Em todo triângulo isósceles, as medidas da mediana e da altura relativas à base são iguais. (............)

g) No triângulo equilátero, a mediana, a altura e a bissetriz relativas a um mesmo lado são sempre coincidentes. (............)

h) O incentro é o centro da circunferência circunscrita ao triângulo. (............)

5 Observe as figuras abaixo.

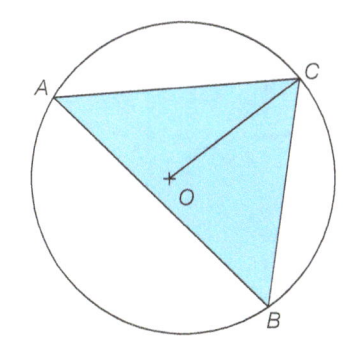

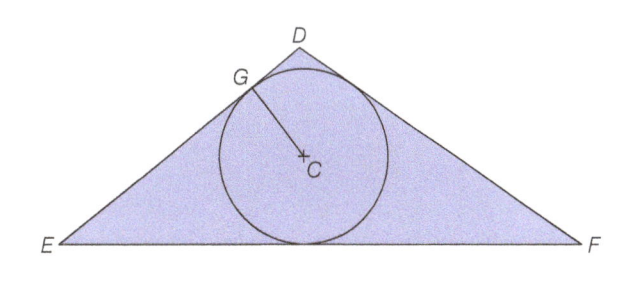

Agora, complete:

a) A circunferência (O, OC) está .... triângulo ABC, que, por sua vez, está .... circunferência (O, OC).

b) A circunferência (C, CG) está .... triângulo DEF, que, por sua vez, está .... circunferência.

6 Relacione a segunda coluna com a primeira.

(1) medianas

(2) circunferência inscrita

(3) hipotenusa

(4) $\dfrac{m_a}{3}$, em que m_a é a medida da mediana $\overline{AM_a}$

(5) alturas

(6) mediatrizes

(7) triângulo ABC, com m($\hat{A}$) = 157°

(8) incentro

(............) triângulo retângulo

(............) perpendiculares

(............) bissetrizes

(............) baricentro

(............) triângulo obtusângulo

(............) tangente aos lados do triângulo

(............) m($\overline{BM_a}$), em que B é o baricentro

(............) circuncentro

7 Construa a circunferência inscrita e a circunferência circunscrita ao triângulo XYZ.

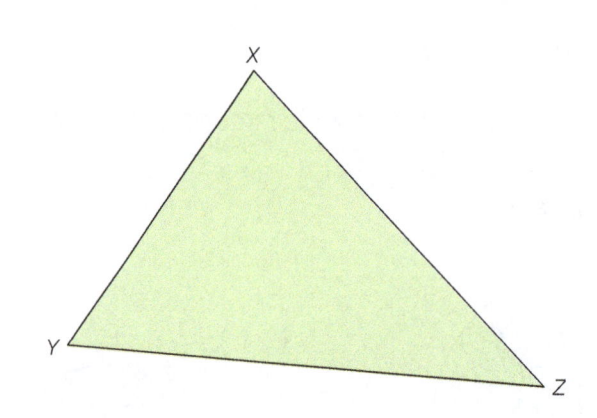

8 Construa as cevianas do triângulo equilátero *XYZ* dado e verifique o que ocorre com os pontos notáveis.

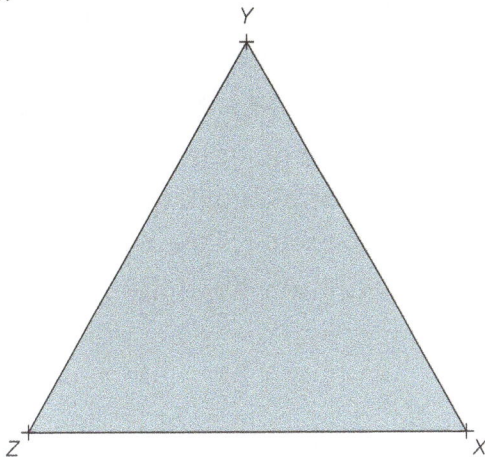

9 Obtenha o baricentro, o ortocentro e o circuncentro do triângulo *XYZ* dado e verifique se é possível traçar uma única reta por esses três pontos.

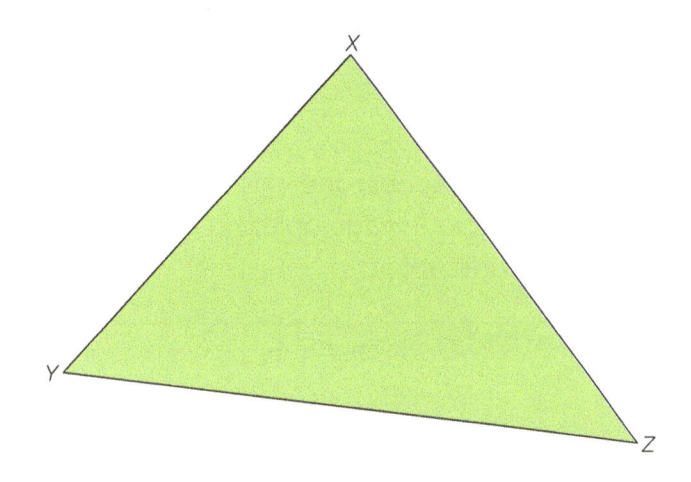

Você sabia?

Em 1765, o matemático suíço Leonhard Euler provou que o circuncentro, o baricentro e o ortocentro de um triângulo são colineares. Por isso a reta que passa por esses três pontos é chamada de reta de Euler.

Usando tecnologia

Construção de uma circunferência circunscrita a um triângulo qualquer

Nesta seção, você fará a construção de uma circunferência circunscrita a um triângulo qualquer utilizando o *software* de geometria dinâmica GeoGebra, que pode ser encontrado no endereço <https://www.geogebra.org>. Para isso, é necessário lembrar que o centro dessa circunferência é o circuncentro, ou seja, o ponto de encontro das mediatrizes dos lados do triângulo.

Passos da construção:

1º) Utilize a ferramenta [ícone] para construir um triângulo. Para isso, selecione a ferramenta e clique na tela, obtendo o ponto *A*, o ponto *B* e o ponto *C*; clique novamente no ponto *A* para fechar o triângulo.

2º) Para obter o centro da circunferência, é preciso construir as mediatrizes dos lados do triângulo e determinar o ponto de encontro delas. Note que é suficiente construir apenas duas mediatrizes para obter esse ponto. Com a ferramenta [ícone], selecione o ponto *A*, em seguida, o ponto *B* e obtenha a circunferência de centro *A* e raio *AB*. Selecione o ponto *B*, em seguida, o ponto *A* e obtenha a circunferência de centro *B* e raio *BA*. Agora, utilizando a ferramenta [ícone], selecione as duas circunferências, obtendo os pontos de interseção entre elas.

Utilizando a ferramenta [ícone], trace a reta que passa pelos pontos *D* e *E*. Essa reta é a reta mediatriz do lado $\overline{AB}$ do triângulo.

Para facilitar a próxima construção, esconda os objetos auxiliares: as circunferências e os pontos *D* e *E*. Para isso, selecione cada objeto de uma vez e, com o botão direito do *mouse*, desabilite a opção "Exibir objeto".

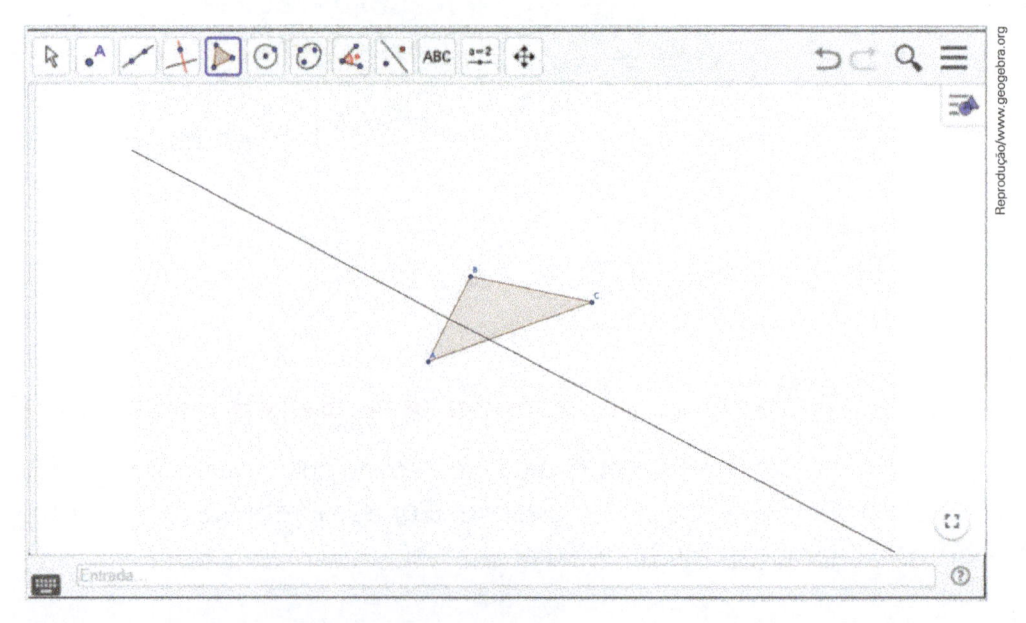

3º) Repita o procedimento, dessa vez para obter a mediatriz do lado $\overline{AC}$. Com a ferramenta ⊙, selecione o ponto A, em seguida, o ponto C e obtenha a circunferência de centro A e raio AC. Selecione o ponto C, em seguida o ponto A e obtenha a circunferência de centro C e raio CA. Agora, utilizando a ferramenta ✕, selecione as duas circunferências, obtendo os pontos de interseção entre elas.

Utilizando a ferramenta ✎, trace a reta que passa pelos pontos F e G. Essa reta é a reta mediatriz do lado $\overline{AC}$ do triângulo. Novamente, esconda os objetos auxiliares: as circunferências e os pontos F e G.

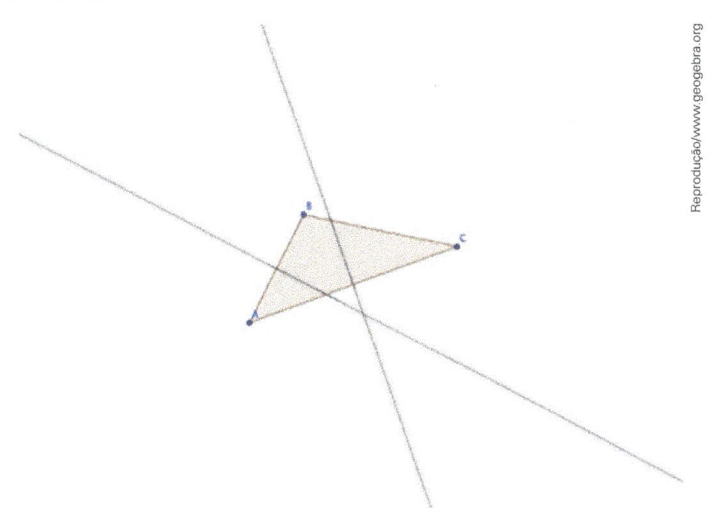

4º) Utilizando a ferramenta ✕, selecione as duas retas mediatrizes, obtendo o ponto H. Esse ponto é o circuncentro, centro da circunferência circunscrita ao triângulo.

Para obter a circunferência, utilize a ferramenta ⊙, selecione o ponto H e um dos vértices do triângulo. Observe que a circunferência circunscrita passa pelos três vértices do triângulo.

Esconda os objetos auxiliares: as retas mediatrizes.

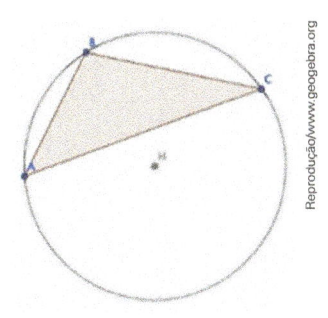

Para você construir:

- Construa, em um *software* de Geometria dinâmica, três triângulos: um acutângulo, um retângulo e um obtusângulo. Obtenha a circunferência circunscrita a cada um deles.
  O que você pode observar em relação à posição do circuncentro?

Olhando ao redor

1 Triângulos em situações curiosas.

a) Para que lado este triângulo está inclinado?

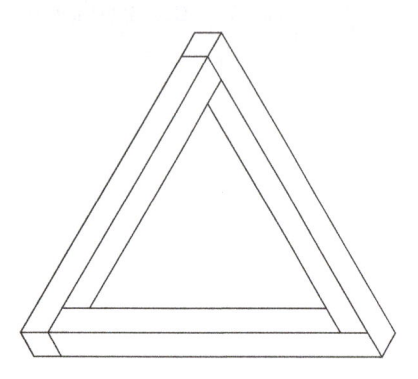

b) O quadradinho vermelho está mais perto do vértice *A* ou da base $\overline{BC}$ do triângulo?

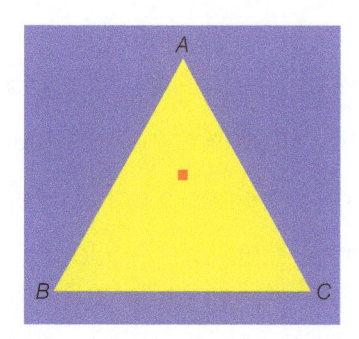

c) Movimente apenas dois palitos e forme um triângulo equilátero.

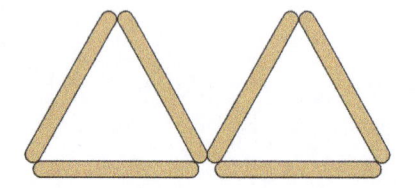

d) Quantos triângulos estão desenhados?

e) Forme um triângulo com esses três trapézios isósceles.

f) Mexa só em três palitos e forme oito triângulos.

94 DESENHO GEOMÉTRICO • IDEIAS E IMAGENS

g) Observe a figura por um minuto e diga quantos triângulos há nela.

2 BORBOLETA é o nome de um jogo de Moçambique, jogado em um tabuleiro formado por dois triângulos simétricos.

- **Número de jogadores:** duplas.
- **Material:** tabuleiro e 9 peças para cada jogador (botões, moedas, tampinhas, pedras, etc.). Cada conjunto de peças de uma cor ou formato diferente.
- **Para fazer o tabuleiro:** Desenhe dois esquemas em forma de triângulos equiláteros, trace as alturas relativas às bases e duas paralelas na altura de $\frac{1}{3}$ e $\frac{2}{3}$ dos lados.

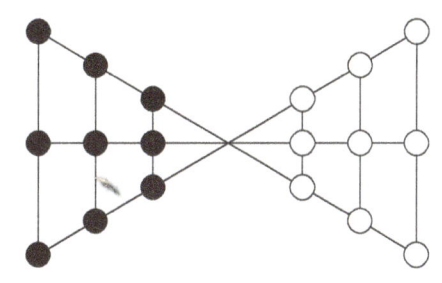

- **Objetivo:** capturar todas as peças do adversário.
- **Regras:**
    1. Cada jogador coloca suas nove peças nos pontos de cruzamento das linhas de um dos triângulos, ficando livre apenas o vértice comum a eles.
    2. Um jogador movimenta uma de suas peças seguindo as linhas do triângulo até o ponto vazio adjacente. Ele também pode saltar e capturar uma peça do adversário se o espaço seguinte estiver livre. E pode seguir capturando outras, se for possível.
    3. Se um jogador deixar de saltar, perde a peça para o adversário. Se tiver opção de mais de um salto, poderá optar por um deles e não perderá sua peça.
    4. Vence quem capturar todas as peças do outro.

Fonte de pesquisa: ZASLAVSKY, Claudia. **Jogos e atividades matemáticas do mundo inteiro**. Porto Alegre: Artmed, 2000.

Agora que você conhece o jogo, forme dupla com um colega e, juntos, façam o tabuleiro e separem os conjuntos de peças para jogarem.

3 O artista norte-americano Alexander Calder (1898-1976) inovou na arte da escultura, tradicionalmente maciça e pesada, ao inventar o **móbile**, uma escultura com movimento construída com peças planas de metal suspensas em fios de arame. As correntes de ar que movimentam os móbiles provocam efeitos mutáveis de luz e de formas, tornando a obra imprevisível. Calder também criou esculturas sem movimento, que ficaram conhecidas como **stábiles**.

Little Spider, 1940.

Eleven Polychrome, 1956.

Sem título.

Você pode criar e construir seu próprio móbile usando apenas triângulos. Desenhe e recorte, em papel espesso (cartolina, papel-cartão), triângulos de variadas formas, dimensões, texturas e cores.

Agora é só montá-lo com fios de arame flexível e barbante.

Você já sabe como deixar as peças equilibradas. Mostre isso desenhando o ponto onde deve ser fixado o suporte no triângulo *XYZ*.

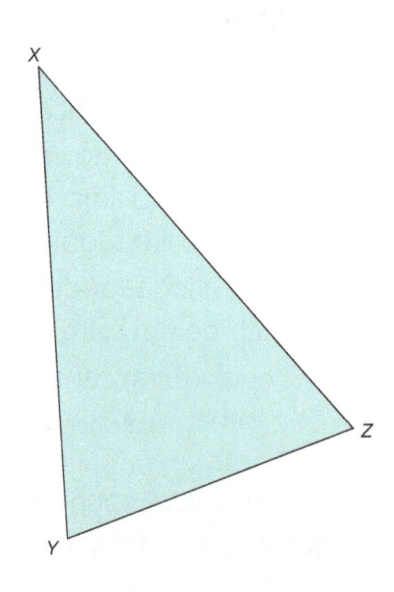

96 DESENHO GEOMÉTRICO • IDEIAS E IMAGENS

4 As cidades de Uberlândia, Uberaba e Araguari fazem parte do **Triângulo Mineiro**, uma das regiões mais desenvolvidas do estado de Minas Gerais, situada entre os rios Grande e Paranaíba, que se destaca pela beleza de suas paisagens e por cidades modernas e bem estruturadas, impulsionadas pelas indústrias e pelo agronegócio. É também uma região de grande riqueza cultural pela presença do autêntico estilo colonial brasileiro na arquitetura, de sítios arqueológicos e espeleológicos.

Fonte: <http://www.minasgerais.com.br/pt>. Acesso em: fev. 2019.

Com base nesse mapa, construa os triângulos pedidos e responda às questões propostas.

a) Considerando o triângulo formado por Patos de Minas, Araxá e Araguari, qual cidade fica na mediana relativa ao lado oposto a Araxá?

....

....

b) No triângulo de vértices nas cidades de Campina Verde, Campo Florido e Monte Carmelo, qual cidade fica na bissetriz interna do ângulo de vértice em Campo Florido?

....

....

5 No Partenon de Atenas, obra-prima da arquitetura grega da Antiguidade, a parte superior da sua fachada tinha o formato de um grande triângulo isósceles.

Complete o desenho do esquema desse templo construindo o triângulo ABC isósceles de base $\overline{AB}$, sabendo que sua altura relativa à base mede $\frac{1}{3}$ da medida da altura h.

Vista do Partenon nos dias de hoje, em Atenas, Grécia.

Esboço

Roteiro

Construção

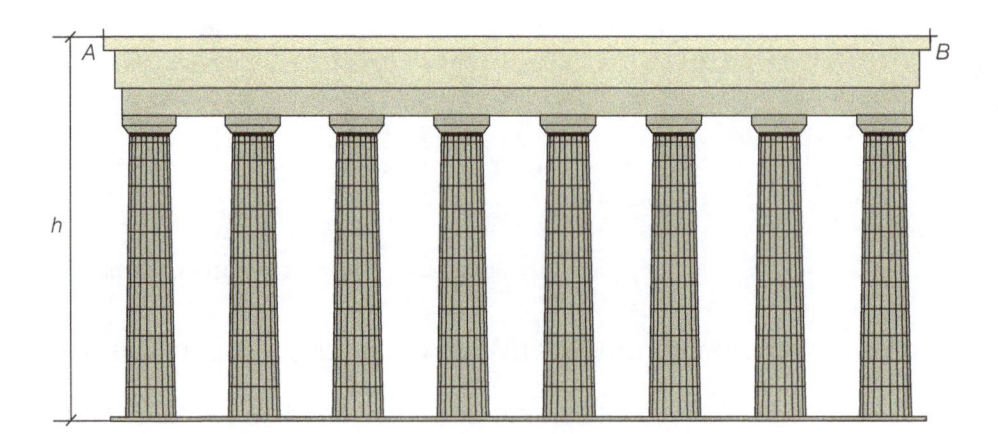

Você sabia?

- O Partenon foi construído na Acrópole (parte alta) da cidade de Atenas, na Grécia, no século V a.C.
- Esse templo é uma homenagem a Atena, deusa que personificava a sabedoria e a serenidade do espírito grego.
- No Partenon existem 46 colunas externas com 10 m de altura e quase 2 m de diâmetro.

CAPÍTULO

4

Construção de triângulos

Como você pode observar na fotografia, a torre tem estrutura baseada em triângulos. Engenheiros, arquitetos e projetistas sabem que o triângulo confere robustez e segurança às construções. Graças às seções triangulares, as torres suportam fortes ventos, as pontes e os guindastes aguentam muito peso e os andaimes e as passarelas oferecem segurança aos usuários.

Já foi possível perceber a importância de aprender a construir triângulos, não é mesmo?

Compreendendo ideias

Construção de triângulos

Para construir triângulos, faça um esboço à mão livre (interpretação gráfica do enunciado). Identifique o ponto-chave e desenhe-o empregando os lugares geométricos.

Construindo imagens

Exemplo 1 – Construção do triângulo EGF

- **Dados:** m($\overline{GF}$) = 5 cm; m($\overline{FE}$) = 4,5 cm; m($\overline{GE}$) = 7,5 cm
- **Construir:** △EGF

Procedimento para construção:

Esboço/Análise

Construção

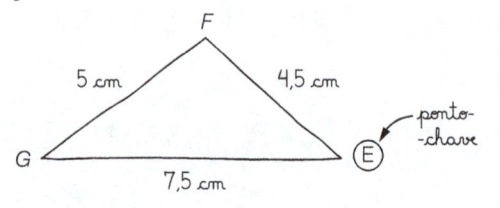

Roteiro

Começar traçando $\overline{FG}$ e determinar o ponto E que está na interseção de LG-1 → ⊗ (F, 4,5 cm) e LG-1 → ⊗ (G, 7,5 cm).

$$E \begin{cases} LG\text{-}1 \to \otimes \ (F, 4,5 \text{ cm}) \\ LG\text{-}1 \to (G, 7,5 \text{ cm}) \end{cases}$$

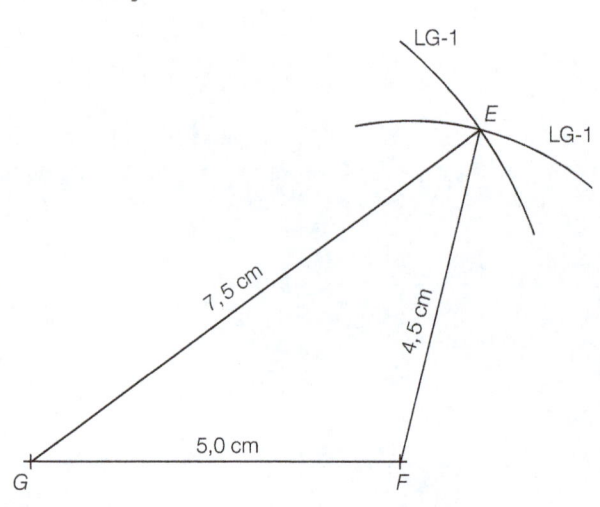

Exemplo 2 – Construção do triângulo NOP

- **Dados:** m($\overline{NO}$) = 4,5 cm; m($\overline{NP}$) = 3,0 cm; m($\widehat{N}$) = 120°
- **Construir:** △NOP

Procedimento para construção:

Esboço/Análise

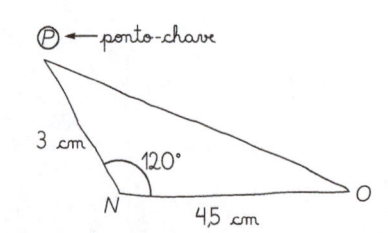

Roteiro

Começar traçando $\overline{NO}$, construir a semirreta $\overrightarrow{NP}$ tal que m($O\hat{N}P$) = 120° e determinar o ponto P que está na interseção de $\overrightarrow{NP}$ e LG-1 → ⊗ (N, 3 cm).

$P \begin{cases} \text{m}(\hat{N}) = 120° \\ \text{LG-1} \rightarrow \otimes (N, 3\text{ cm}) \end{cases}$

Construção

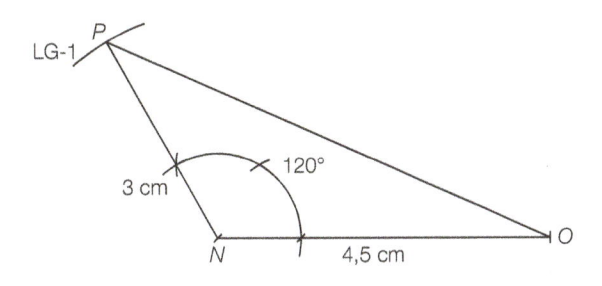

Exemplo 3 – Construção do triângulo RST

- **Dados:** r = 40 mm; t = 56 mm;
  m_r = 50 mm (mediana relativa ao lado $\overline{ST}$)
- **Construir:** △RST

Procedimento para construção:

Esboço/Análise

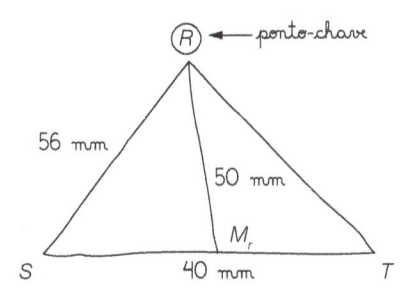

Roteiro

Começar traçando $\overline{ST}$ e determinar M_r, ponto médio de $\overline{ST}$. Em seguida, determinar o ponto R que está na interseção de LG-1 → ⊗ (S, 56 mm) e LG-1 → ⊗ (M_r, 50 mm).

$M_r \begin{cases} \text{LG-3} \rightarrow \text{mtz}(\overline{ST}) \\ \overline{ST} \end{cases}$

$R \begin{cases} \text{LG-1} \rightarrow \otimes (S, 56\text{ mm}) \\ \text{LG-1} \rightarrow \otimes (M_r, 50\text{ mm}) \end{cases}$

Construção

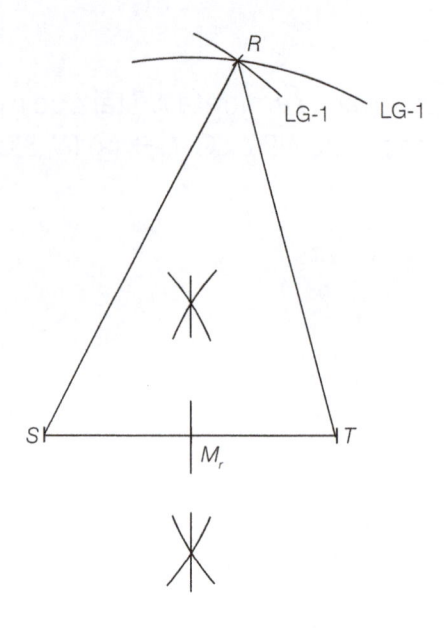

Exemplo 4 – Construção do triângulo *EFG*

- **Dados:** m($\overline{GE}$); altura $\overline{FH_f}$ mede 35 mm; ângulo *G* mede 60°
- **Construir:** △*EFG*

Procedimento para construção:

Esboço/Análise

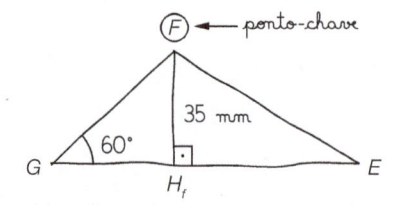

Roteiro

Começar traçando $\overline{GE}$ e determinar o ponto *F* que está na interseção de LG-2 → //($\overline{GE}$, 35 mm) e a semirreta *GF* tal que m($E\hat{G}F$) = 60°.

$F \begin{cases} \text{LG-2} \to //(\overline{GE}, 35 \text{ mm}) \\ \text{m}(\hat{G}) = 60° \end{cases}$

Construção

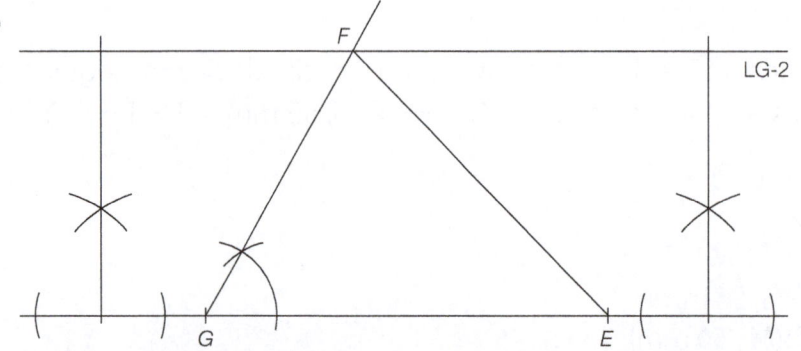

Você em ação

1 Construa um triângulo *LAC*, no qual o vértice *A* pertença à reta *r* dada e o ângulo $\hat{C}$ meça 75°.

Esboço/Análise   Construção

Roteiro

$+\atop C$ $+\atop L$

r

2 Construa um triângulo retângulo *MDE*, dados a hipotenusa $\overline{ME}$ e o cateto $\overline{MD}$, sendo m($\overline{ME}$) = 6,5 cm e m($\overline{MD}$) = 4,0 cm.

Esboço/Análise   Construção

Roteiro

3 Construa um triângulo *ELP*, dados o lado $\overline{LP}$, cuja medida é 57 mm, e os dois ângulos adjacentes a esse lado, $\hat{L}$ e $\hat{P}$, de medidas α e β, respectivamente.

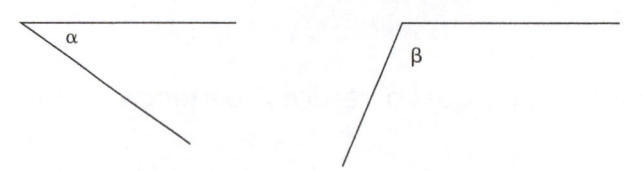

Esboço/Análise   Construção

Roteiro

4 Construa um triângulo *ABC*, dados m($\overline{BC}$) = 3,5 cm e m($\hat{C}$) = 60°, sabendo que $\overline{BA} \cong \overline{BC}$.

Esboço/Análise   Construção

Roteiro

Classifique o triângulo obtido: ....

5 Construa um triângulo *LGO*, dado $\overline{AB}$, sabendo que $m(\overline{GO}) = \frac{5}{7} \cdot m(\overline{AB})$, $m(\overline{OL}) = \frac{4}{7} \cdot m(\overline{AB})$ e $m(\overline{GL}) = \frac{3}{7} \cdot m(\overline{AB})$.

Esboço/Análise

Construção

A———————————B

Roteiro

Classifique o triângulo obtido: ....

6 Construa um triângulo *EOQ*, conhecendo o lado $\overline{EO}$ e os ângulos internos $\hat{E}$ e $\hat{Q}$.

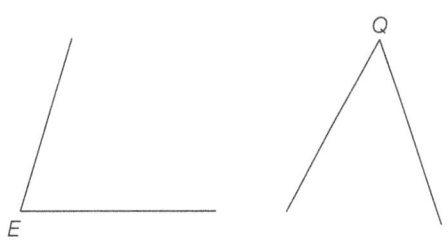

Esboço/Análise

Construção

Roteiro

E———————————O

CAPÍTULO 4 • CONSTRUÇÃO DE TRIÂNGULOS

7 Construa um triângulo isósceles em que a base e a altura relativa à base meçam, respectivamente, 3,0 cm e 5,0 cm. Nomeie os elementos.

Esboço/Análise   Construção

Roteiro

8 Dados o centro e o ponto *M* pertencente à circunferência circunscrita ao triângulo acutângulo *POM*, construa esse triângulo de modo que o lado de medida *m* seja congruente ao lado de medida *o* e que a medida de $\overline{MO}$ seja igual a 40 mm.

Esboço/Análise   Construção

+ M

C +

Roteiro

9. Construa um triângulo *IME*, sabendo que m($\overline{MI}$) = 45 mm, m($\overline{IE}$) = 78 mm e a medida do ângulo externo de vértice *M* é 60°.

   Esboço/Análise   Construção

   Roteiro

   Classifique o triângulo obtido: ....

10. Construa um triângulo equilátero *MRT*, sabendo que sua altura $\overline{RH}$, mede 5,5 cm.

    Esboço/Análise   Construção

    Roteiro

11 Construa um triângulo *SLO*, sabendo que o lado $\overline{LO}$ mede 65 mm, o lado $\overline{LS}$ mede 45 mm e o ângulo de vértice *O* mede 22°30'.

Esboço/Análise   Construção

Roteiro

12 Construa um triângulo isósceles *AMR*, sabendo que ele é inscrito em uma circunferência de centro *O* e raio *r* de medida 3,5 cm e que sua base $\overline{MR}$ é um dos diâmetros dessa circunferência.

Esboço/Análise   Construção

Roteiro

▸ Analisando os problemas **11** e **12** da página anterior, responda:

- Quantos triângulos *SLO* você encontrou? ....

  Como eles são quanto à forma? ....

  São congruentes? ....

- Quantos triângulos *AMR* você encontrou? ....

  Como eles são quanto à forma? ....

  São congruentes? ....

Propriedade

Nos problemas métricos, consideramos soluções todas as imagens distintas não congruentes.

De acordo com essa propriedade, responda:

- Quantas soluções tem o problema 11? .... Quais? .... e ....
- Quantas soluções tem o problema 12? .... Quais? ....

13. Construa um triângulo isósceles *EAM*, dado o lado $\overline{AM}$ e sabendo que o lado $\overline{ME}$ mede 3,5 cm e que a medida do ângulo interno de vértice *A* é 30°.

Esboço/Análise   **Construção**

A ────────────── M

Roteiro

CAPÍTULO 4 • CONSTRUÇÃO DE TRIÂNGULOS

14. Construa um triângulo *OEC*, de modo que o lado $\overline{OE}$ meça 52 mm, a altura $\overline{CH}_c$ meça 41 mm e a mediana $\overline{CM}_c$ meça 44 mm.

Esboço/Análise   Construção

Roteiro

15. Conhecendo m($\overline{SM}$) = 5,0 cm, m($\overline{SO}$) = 4,0 cm e m($\overline{OH}$) = 3,0 cm (sendo $\overline{OH}$ a altura relativa ao lado $\overline{SM}$), construa o triângulo *OSM*.

Esboço/Análise   Roteiro

Construção

16. Construa um triângulo isósceles *CAP*, de base $\overline{AP}$ medindo 5,5 cm, inscrito em uma circunferência de raio de medida 3,5 cm.

Esboço/Análise   Construção

Roteiro

17. Construa um triângulo equilátero *TPA*, sabendo que o segmento $\overline{AB}$ dado tem a medida do seu perímetro (soma das medidas dos três lados).

Esboço/Análise   Construção

Roteiro

18 Construa um triângulo *MBE*, conhecendo os vértices *B* e *E* e seu incentro *I*.

Esboço/Análise   Construção

+ B   + I

+ E

Roteiro

19 Construa um triângulo *COR*, dados um lado ($\overline{OC}$), um ângulo ($\hat{O}$) e a medida de uma bissetriz interna (s_o).

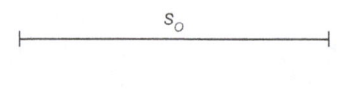

Esboço/Análise   Construção

Roteiro

20 Construa um triângulo *PET*, conhecidos o seu ortocentro (*O*) e os pés das alturas (H_e, H_t).

Esboço/Análise   Construção

H_e +

+ O

+ H_t

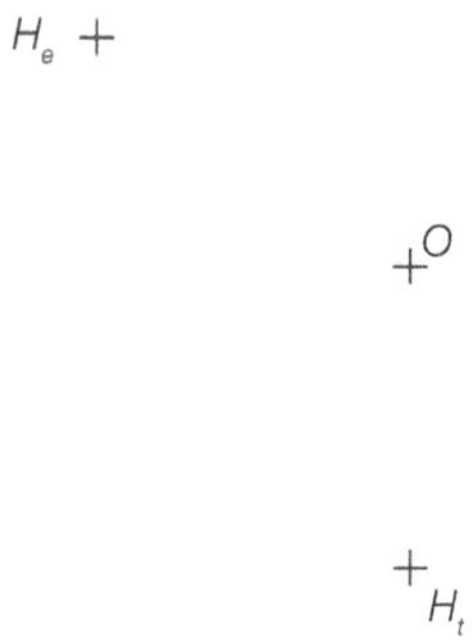

Roteiro

21 Construa um triângulo *APR*, dados a medida do lado *PR* e a das medianas dos lados de medida *p* e *r*.

$m(\overline{PR}) = 54$ mm

|—————— m_p ——————| |—————— m_r ——————|

Esboço/Análise   Construção

Roteiro

CAPÍTULO 4 • CONSTRUÇÃO DE TRIÂNGULOS

Olhando ao redor

De olho na mídia

Astrônomos desenham triângulos no céu

1. Cientistas apontam um telescópio em direção à luz emitida pela estrela e traçam uma reta imaginária entre ela e a Terra. Assim, podem calcular o ângulo formado por essa reta e a órbita terrestre.
2. Seis meses depois, é feita uma nova medição, que encontra um ângulo diferente, pois o planeta está na outra ponta da sua órbita. Com isso, forma-se um triângulo.
3. Como se conhece o diâmetro da órbita terrestre (300 milhões de quilômetros), que é a base do triângulo, e dois ângulos, pode-se deduzir o tamanho dos outros lados do triângulo, que são as distâncias da estrela nos dois momentos.
4. Como as distâncias (os lados maiores do triângulo) são enormes, usa-se como medida o ano-luz (...). O diâmetro da órbita da Terra corresponde a cerca de 17 minutos-luz e a estrela mais perto (Proxima Centauri) está a 4,3 anos-luz.

Fonte de pesquisa: Revista *Superinteressante*, dez. 1998.

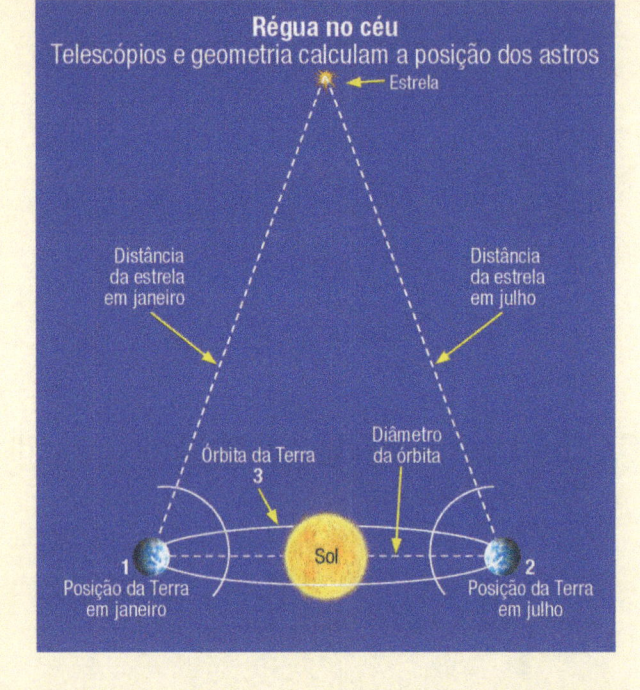

1. Após ler o texto acima, suponha que *AB* represente o diâmetro da Terra e que, em janeiro (*A*), a estrela Stella seja vista formando 60° com ele. Sabendo que em julho (*B*) esse ângulo será de 75°, construa o triângulo e determine a posição da estrela Stella.

_____
A   B

2 O Triângulo das Bermudas é uma zona imaginária no oceano Atlântico na qual um grande número de aviões e navios desapareceu. Os vértices desse triângulo costumam ser delimitados pela ilha Bermudas, pela cidade de San Juan, em Porto Rico, e por Miami, na Flórida (EUA). Muitos cientistas são céticos em relação às teorias sobrenaturais que tentaram explicar os desaparecimentos na região: portais para outras dimensões, campos de energia provocados por antigos cristais do continente perdido da Atlântida abandonados no fundo do oceano, anomalias temporais, magnéticas ou gravitacionais, buracos negros, abduções alienígenas e monstros marinhos. O que você acha? Para melhor visualizar a área, construa o triângulo, sabendo que neste mapa a ilha Bermudas está no lado do ângulo de medida 60° e que o outro lado é a semirreta de origem em San Juan e que passa por Miami (vértice do ângulo). Sabe-se também que ela está na mediana relativa ao lado de extremidades nas duas cidades citadas, cuja medida é 50 mm.

Fonte: IBGE. *Atlas Geográfico escolar*. 7. ed. Rio de Janeiro: IBGE, 2016. p. 37.

Formação rochosa na ilha Bermudas.

Você sabia?

- O mistério do Triângulo das Bermudas continua inexplicado.
- Existem regiões no mundo onde o magnetismo altera a direção da agulha de uma bússola. Elas estão, entre outras, no Marrocos, no planalto do Irã, nos polos norte e sul, no mar do Diabo (Japão-Filipinas), na região entre Madagascar e Moçambique, na ilha de Páscoa e em Cabo Frio.

3 Fabrício pratica triatlo, uma modalidade esportiva que consiste em um circuito com provas de natação, ciclismo e corrida. Ele está estudando o circuito da próxima competição. Duas boias (B e C) no mar formam com o ponto de largada (A) um triângulo em torno do qual os atletas vão nadar. Em seguida, eles deverão pegar suas bicicletas e pedalar pelo percurso, passando pelos pontos D, E e F, onde deixarão as bicicletas para correr até o final do circuito.

Indicando as direções e os sentidos, desenhe o trajeto que os atletas terão de percorrer, sabendo que as duas boias são equidistantes do ponto de largada e que a boia C está no ângulo Â de medida 75°.

4) De cima de um muro, um gato viu um rato perambulando no chão. O rato também percebeu o gato e correu para o seu esconderijo, paralelamente à calçada (*a*). Foi, porém, apanhado no meio do caminho (*M*) pelo gato, que saltou em ângulo $R\hat{G}M$ de medida 15°. Construa o triângulo de vértices no gato e no rato em suas posições iniciais e na casa do rato (*C*).

5. Vemos ao lado o retrato de Michelangelo Buonarroti (1475-1564), escultor, pintor, arquiteto e também poeta, um dos mais ilustres artistas do Renascimento italiano.

Michelangelo produziu algumas das maiores obras-primas da arte em todos os tempos. Muitas delas podem ser vistas no Vaticano. Abaixo, reproduzimos algumas.

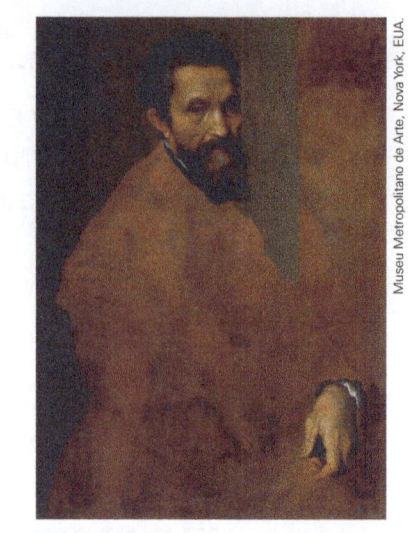

À esquerda, *O juízo final* (1535-1541) e, à direita, *A criação de Adão* (1508-1512), afrescos (técnica de pintura mural feita em paredes e tetos) da Capela Sistina.

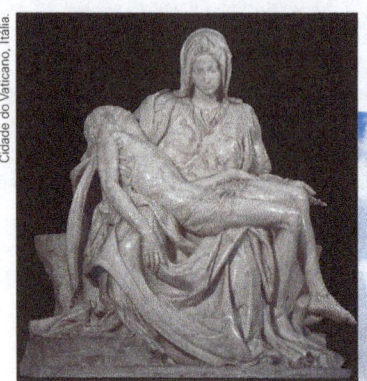

Pietà (1498-1500): escultura em mármore que retrata a Virgem e seu filho, Cristo, morto.

Basílica de São Pedro, Roma, Itália, 2018.

Localize no desenho do Vaticano a Capela Sistina e a posição da escultura *Pietà*, sabendo que:

- formam um triângulo equilátero com a cúpula da Basílica de São Pedro;
- o perímetro do triângulo tem a mesma medida que o segmento *AB*;
- a reta *x* passa pela Capela Sistina.

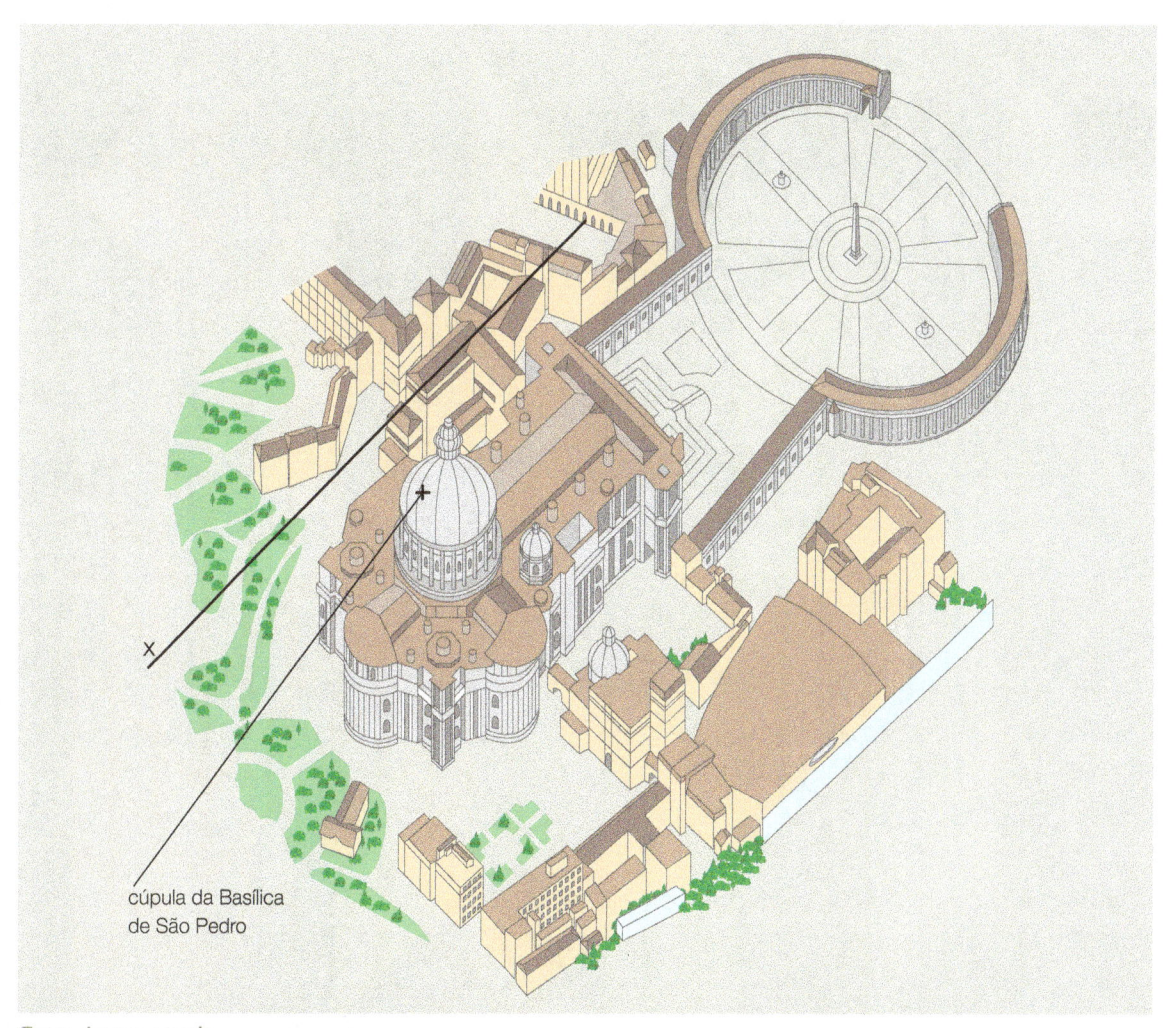

A ├──────────────────────────┤ B

Croqui sem escala.

cúpula da Basílica de São Pedro

CAPÍTULO 5

Quadriláteros

Victor Vasarely (1908-1997), pintor e escultor húngaro, é o pioneiro da *Op-art*, uma forma de arte abstrata caracterizada pela utilização de figuras geométricas repetidas que provocam sensações de movimento e sugerem vibrações, causando efeitos de ilusão de óptica no observador. Veja nesta obra como ele emprega os quadriláteros entre outras figuras geométricas.

Torony-Nagy (1969), de Victor Vasarely.

Compreendendo ideias

Retomando o estudo dos quadriláteros

Quadrilátero é um polígono de quatro lados.

Elementos de um quadrilátero

No quadrilátero ABCD representado:

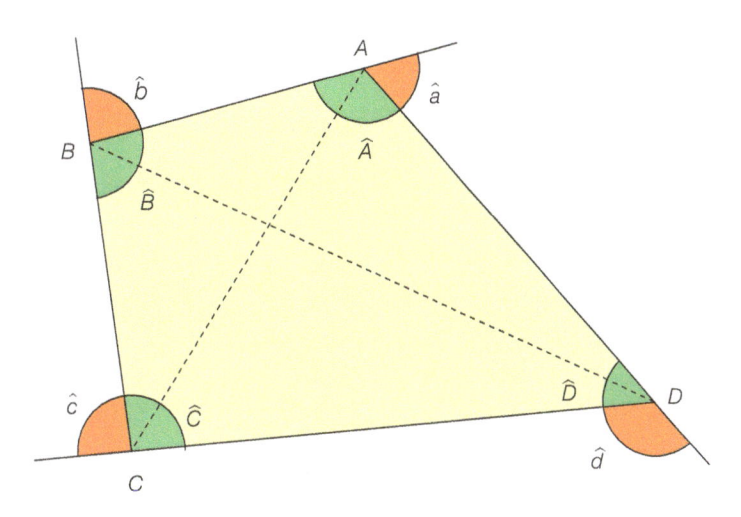

- os pontos A, B, C e D são os vértices;
- os segmentos de reta $\overline{AB}$, $\overline{BC}$, $\overline{CD}$ e $\overline{DA}$ são os lados;
- os ângulos $\hat{A}$, $\hat{B}$, $\hat{C}$ e $\hat{D}$ são ângulos internos;
- os ângulos $\hat{a}$, $\hat{b}$, $\hat{c}$ e $\hat{d}$ são ângulos externos;
- os segmentos AC e BD são as diagonais.

Se um quadrilátero é ABCD, essas letras devem estar dispostas na figura nessa mesma ordem, preferencialmente no sentido anti-horário.

Em um quadrilátero, lados ou ângulos podem ser opostos ou consecutivos.

No exemplo, são consecutivos:

- os lados $\overline{AB}$ e $\overline{BC}$, $\overline{BC}$ e $\overline{CD}$, $\overline{CD}$ e $\overline{DA}$, $\overline{DA}$ e $\overline{AB}$;
- os ângulos $\hat{A}$ e $\hat{B}$, $\hat{B}$ e $\hat{C}$, $\hat{C}$ e $\hat{D}$, $\hat{D}$ e $\hat{A}$.

E são opostos:

- os lados $\overline{AB}$ e $\overline{CD}$, $\overline{BC}$ e $\overline{DA}$;
- os ângulos $\hat{A}$ e $\hat{C}$, $\hat{B}$ e $\hat{D}$.

Soma das medidas dos ângulos internos de um quadrilátero

A soma das medidas dos ângulos internos de um quadrilátero é sempre 360°.

Considere o quadrilátero ABCD representado ao lado, em que a diagonal $\overline{AC}$ o divide em dois triângulos: △ABC e △ACD.

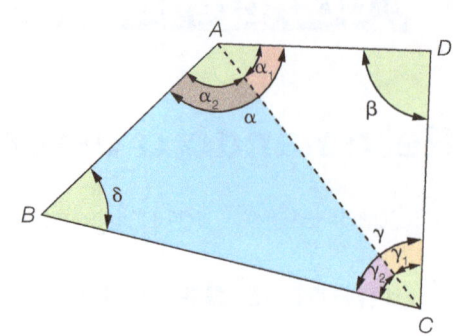

No △ABC, temos: $\alpha_2 + \delta + \gamma_2 = 180°$
No △ACD, temos: $\alpha_1 + \gamma_1 + \beta = 180°$
No quadrilátero ABCD, temos:

$$\underbrace{\alpha_1 + \alpha_2} + \delta + \underbrace{\gamma_1 + \gamma_2} + \beta = 360°$$
$$\alpha + \delta + \gamma + \beta = 360°$$

Classificação dos quadriláteros

Os quadriláteros são classificados de acordo com a posição relativa de seus lados.

Os quadriláteros que têm apenas um par de lados opostos paralelos são chamados de **trapézios**.

Existem três tipos de trapézio:

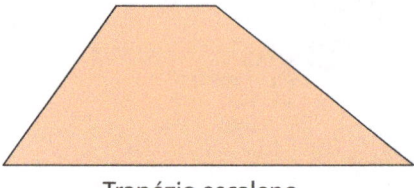

Trapézio escaleno. 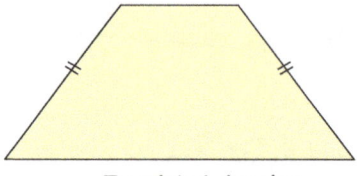   Trapézio isósceles. 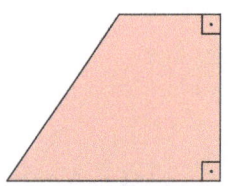   Trapézio retângulo.

Os quadriláteros que têm os lados opostos paralelos são chamados de **paralelogramos**.

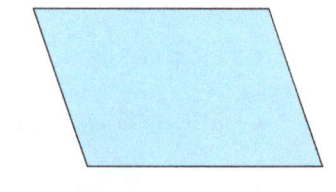

De acordo com os ângulos internos e com os lados, um paralelogramo pode também ser chamado de:

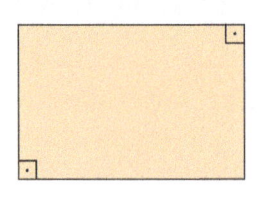

Retângulo. 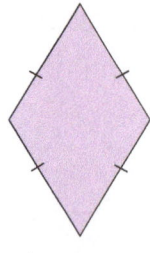   Losango. 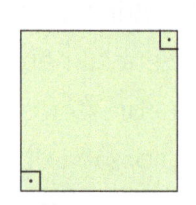   Quadrado.

Os quadriláteros que não possuem pares de lados paralelos são chamados de **quadriláteros genéricos**. Eles também são chamados de quadriláteros quaisquer ou, ainda, trapezoides.

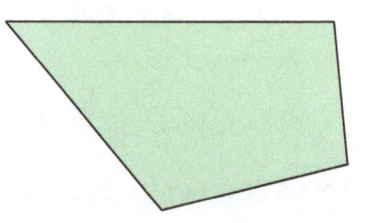

Construindo imagens

Exemplo 1 – Construção de um quadrilátero ANMP

- **Dados:** m($\overline{PM}$) = 19 mm, m($\overline{NM}$) = 46 mm,
  m($\overline{NA}$) = 50 mm, m($\overline{PA}$) = 30 mm,
  m($\overline{AM}$) = 36 mm

- **Construir:** quadrilátero ANMP

Procedimentos para construção:

Esboço/Análise

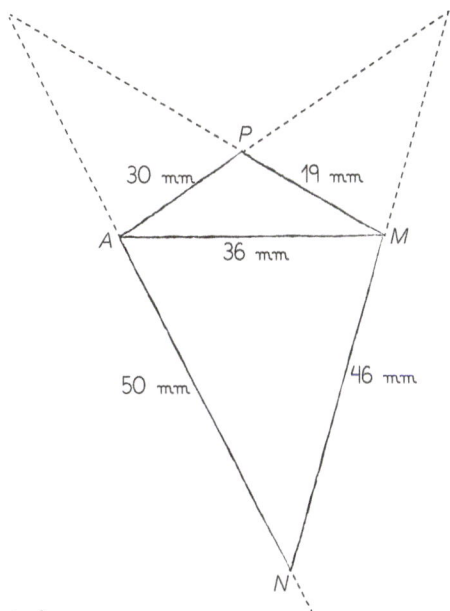

Construção

Começando pela diagonal $\overline{AM}$, transformamos o problema na construção de dois triângulos: △AMP e △ANM.

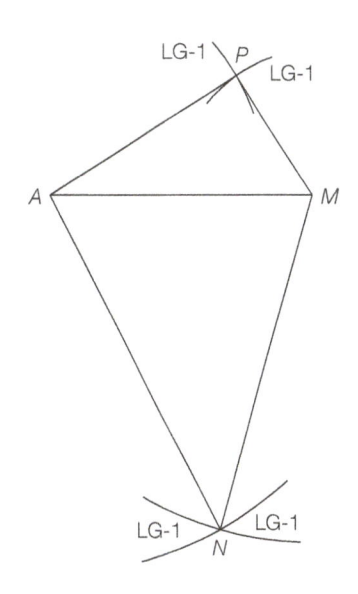

Roteiro

Começando por $\overline{AM}$: determinar o ponto P tal que P seja a interseção de LG-1 → ⊗ (A, 30 mm) e LG-1 → ⊗ (M, 19 mm). Depois, determinar o ponto N tal que N seja a interseção de LG-1 → ⊗ (A, 50 mm) e LG-1 → ⊗ (M, 46 cm).

$P \begin{cases} \text{LG-1} \to \otimes (A, 30 \text{ mm}) \\ \text{LG-1} \to \otimes (M, 19 \text{ mm}) \end{cases}$

$N \begin{cases} \text{LG-1} \to \otimes (A, 50 \text{ mm}) \\ \text{LG-1} \to \otimes (M, 46 \text{ mm}) \end{cases}$

Exemplo 2 – Construção de um quadrilátero *DEFG*

- **Dados:** $\overline{EF}$, $m(\overline{FG}) = 5{,}5$ cm, $m(\overline{FD}) = 5$ cm, $m(\hat{F}) = 105°$, $m(\overline{DH}) = 4$ cm, $H \in \overline{EF}$ e $\overline{DH} \perp \overline{EF}$
- **Construir:** quadrilátero *DEFG*

Procedimentos para construção:

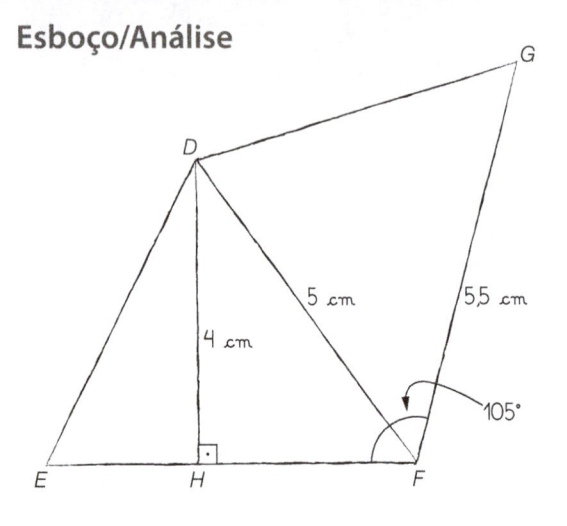

Esboço/Análise

Roteiro

Começando por $\overline{EF}$: determinar o ponto D tal que D seja a interseção de LG-2 $\rightarrow$ $/\!/(\overleftrightarrow{EF}, 4$ cm$)$ e LG-1 $\rightarrow \otimes (F, 5$ cm$)$. Depois, determinar o ponto G tal que G seja a interseção do ângulo com vértice em F e medida 105° e LG-1 $\rightarrow \otimes (F, 5{,}5$ cm$)$.

$$D \begin{cases} \text{LG-2} \rightarrow /\!/(\overleftrightarrow{EF}, 4 \text{ cm}) \\ \text{LG-1} \rightarrow \otimes (F, 5 \text{ cm}) \end{cases}$$

$$G \begin{cases} m(\hat{F}) = 105° \\ \text{LG-1} \rightarrow \otimes (F, 5{,}5 \text{ cm}) \end{cases}$$

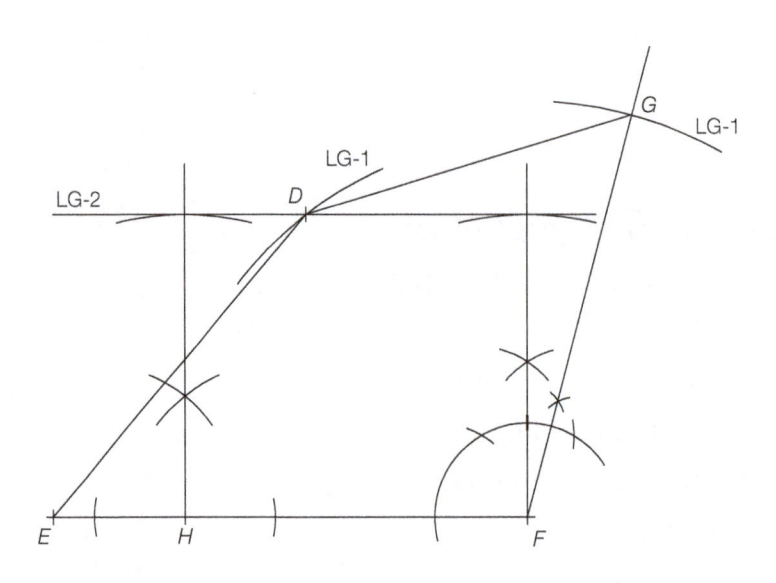

Construção

Você em ação

1 Construa um quadrilátero STNQ, dados a diagonal $\overline{SN}$, m($\overline{ST}$) = 3,8 cm, m($T\hat{S}N$) = 30°, m($S\hat{N}Q$) = 60°, sabendo que $\overline{SQ} \cong \overline{NQ}$.

Esboço/Análise   **Construção**

+ N

+ S

Roteiro

2 Construa um quadrilátero ABCD, sabendo que m($\overline{BA}$) = 20 mm, m($\overline{AD}$) = 28 mm, $\overline{BC} \cong \overline{DC}$ e que a circunferência circunscrita a ele tem centro O e raio r = 26 mm.

Esboço/Análise   **Construção**

+ O

Roteiro

3 Construa um quadrilátero ARSM, dados m($\overline{MS}$) = 3,5 cm, m($\overline{RS}$) = 6 cm, m($\hat{S}$) = 150°, m($\hat{R}$) = 45°, m($\overline{AH}$) = 5 cm e H ∈ $\overline{RS}$, $\overline{AH}$ ⊥ $\overline{RS}$.

Esboço/Análise   Roteiro

Construção

4 Construa um quadrilátero ONML, conhecendo o centro C e o raio CN da circunferência circunscrita, sabendo que a distância de L à diagonal $\overline{MO}$ é de 3,5 cm e dada m($\overline{NO}$) = 3 cm e m($N\hat{O}M$) = 45°.

Esboço/Análise   Construção

+ N

+ C

Roteiro

5) Construa um quadrilátero *DUNA*, conhecendo o ângulo *NDU*, a medida da diagonal $\overline{ND}$ = 5,7 cm, m($\overline{UN}$) = 4,3 cm e a medida da diagonal $\overline{UA}$ = 6,6 cm e sabendo que os lados $\overline{NA}$ e $\overline{AD}$ são congruentes.

Esboço/Análise   Roteiro

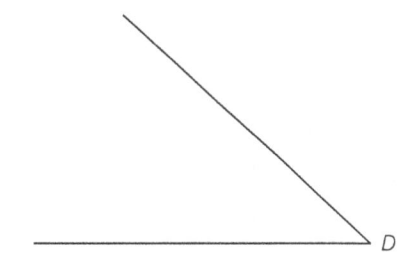

Construção

Compreendendo ideias

Trapézio

Elementos de um trapézio

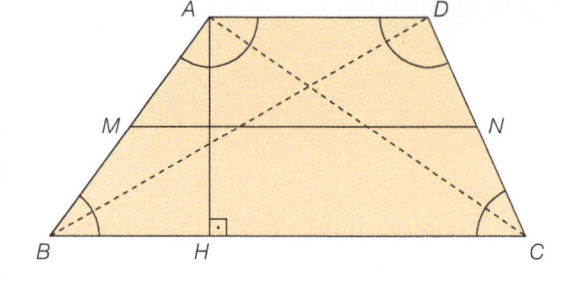

No trapézio ABCD representado ao lado:

- os segmentos DA e BC são as bases (lados paralelos). O segmento DA é a base menor e o segmento BC é a base maior;

- os segmentos AB e CD são os lados transversais (não paralelos);

- os segmentos AC e BD são as diagonais;

- os ângulos $\hat{A}$, $\hat{B}$, $\hat{C}$ e $\hat{D}$ são ângulos internos;

- o segmento AH é a altura (distância entre as bases).

Propriedades

1ª) Em um trapézio, os ângulos adjacentes a um lado transversal são suplementares.

Na figura anterior: $m(\hat{A}) + m(\hat{B}) = 180°$ e $m(\hat{C}) + m(\hat{D}) = 180°$.

2ª) A base média de um trapézio é um segmento paralelo às bases, cujas extremidades são os pontos médios dos lados transversais. A medida da base média é a metade da soma das medidas das bases menor e maior.

Na figura anterior: $m(\overline{MN}) = \dfrac{m(\overline{DA}) + m(\overline{BC})}{2}$

Características dos trapézios

O **trapézio escaleno** tem lados transversais não congruentes.

$\overline{AB} \not\cong \overline{CD}$

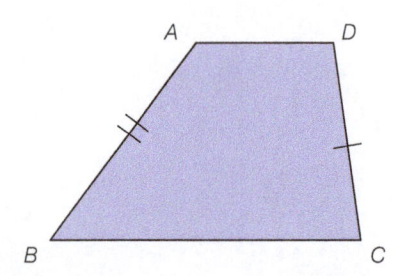

128 DESENHO GEOMÉTRICO • IDEIAS E IMAGENS

No **trapézio retângulo**, um dos lados transversais é perpendicular às bases.

$$m(\hat{R}) = m(\hat{S}) = 90°$$

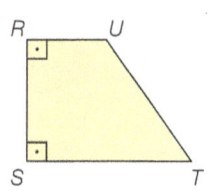

No **trapézio isósceles**, os lados transversais, os ângulos das bases e as diagonais são congruentes.

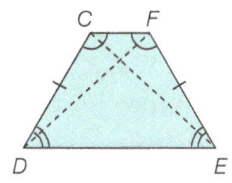

$\overline{CD} \cong \overline{EF}$
$\hat{C} \cong \hat{F}$ e $\hat{D} \cong \hat{E}$
$\overline{CE} \cong \overline{DF}$

Construindo imagens

Exemplo 3 – Construção de um trapézio HTOQ

- **Dados:** m($\overline{OQ}$) = 6 cm, m($\overline{OT}$) = 3,5 cm, m($\overline{OH}$) = 5 cm, m($\overline{QT}$) = 5,4 cm
- **Construir:** trapézio HTOQ

Procedimentos para construção:

Esboço/Análise

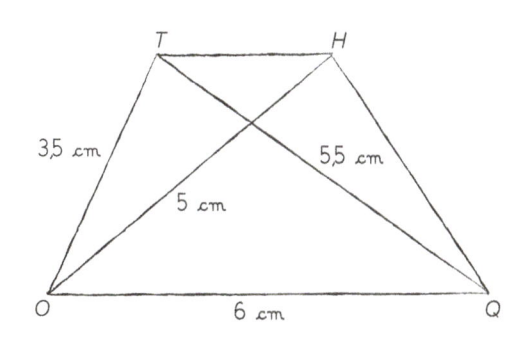

$T \begin{cases} \text{LG-1} \to \otimes (O, 3{,}5 \text{ cm}) \\ \text{LG-1} \to \otimes (O, 5{,}4 \text{ cm}) \end{cases}$

$H \begin{cases} \text{LG-1} \to \otimes (O, 5 \text{ cm}) \\ \text{LG-2} \to /\!/ (\overline{OQ}) \text{ por } T \end{cases}$

Construção

Roteiro

Começando por $\overline{OQ}$: determinar o ponto T tal que T seja a interseção de LG-1 → ⊗ (O, 3,5 cm). Depois, determinar o ponto H tal que H seja a interseção de LG-1 → ⊗ (O, 5 cm) com a reta paralela a $\overline{OQ}$ que passa pelo ponto T.

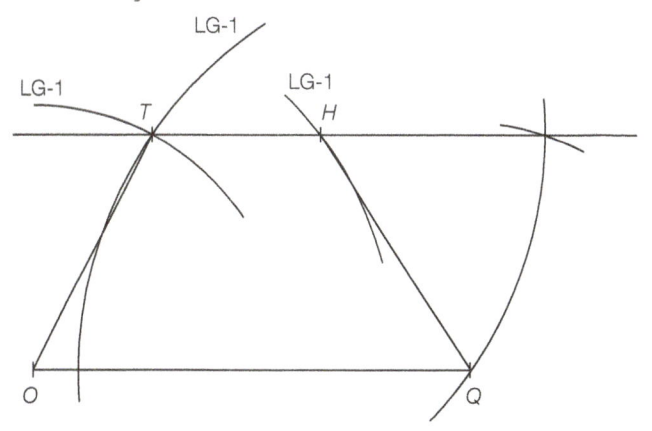

Exemplo 4 – Construção de um trapézio ZORE

- **Dados:** m($\overline{ZE}$) = 25 mm, m($\overline{OR}$) = 68 mm, h = 35 mm e m($\hat{R}$) = 45°
- **Construir:** trapézio ZORE

Procedimentos para construção:

Esboço/Análise

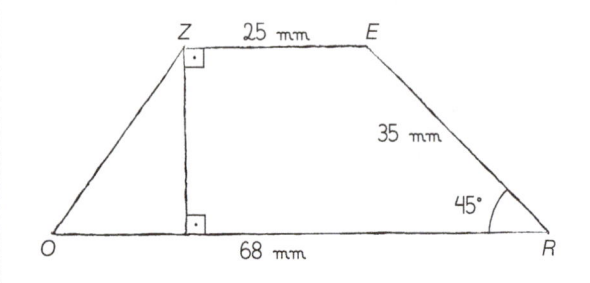

Roteiro

Começando por $\overline{OR}$: determinar o ponto E tal que E seja a interseção da reta paralela a $\overline{OR}$ distante 35 mm. Depois, determinar o ponto Z tal que Z seja a interseção da reta paralela LG-1 → ⊗ (O, 5 cm) com a reta paralela a $\overline{OQ}$ que passa pelo ponto T.

$$E \begin{cases} \text{LG-2} \to /\!/\left(\overleftrightarrow{OR}, 35\text{ mm}\right) \\ \text{m}(\hat{R}) = 45° \end{cases}$$

$$Z \begin{cases} \text{LG-2} \to /\!/\left(\overleftrightarrow{OR}, 35\text{ mm}\right) \\ \text{LG-1} \to \otimes (E, 25\text{ mm}) \end{cases}$$

Construção

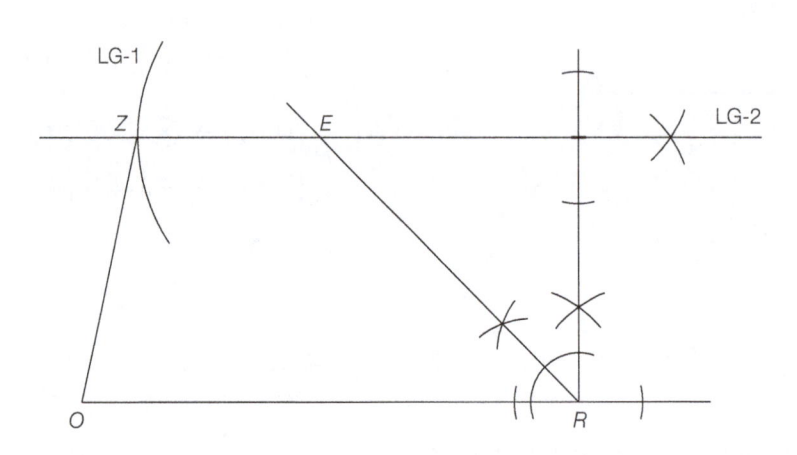

Você em ação

1 Construa um trapézio *IDON*, dado $\overline{ON}$ e conhecendo m($\overline{OI}$) = 72 mm, m($\widehat{N}$) = 75° e m($\widehat{O}$) = 60°.

Esboço/Análise   Construção

Roteiro

|————————————————————|
O   N

2 Construa um trapézio *OCET*, sabendo que suas bases medem 4 cm e 7,5 cm, o lado transversal *OT* tem medida 3,5 cm e o ângulo interno de vértice em *O* mede 60°.

Esboço/Análise   Construção

Roteiro

CAPÍTULO 5 • QUADRILÁTEROS **131**

3 Construa um trapézio retângulo *TROK* com bases $\overline{RO}$ e $\overline{TK}$ de medidas 86 mm e 39 mm, respectivamente, sabendo que $\hat{T}$ mede 90° e $\overline{TR}$ mede 40 mm.

Esboço/Análise   Construção

Roteiro

4 Construa um trapézio isósceles *BMDP*, em que m($\overline{BM}$) = 55 mm, m($\hat{M}$) = 30° e m($\overline{MD}$) = 115 mm e sendo $\overline{MD}$ a sua base maior.

Esboço/Análise   Construção

Roteiro

5 Construa um trapézio retângulo BNTE, sabendo que a base menor $\overline{NT}$ mede 5 cm, o lado $\overline{TE}$ mede 6,5 cm e o ângulo compreendido por esses dois lados mede 150°.

Esboço/Análise   Roteiro

Construção

6 Construa um trapézio AEOT, dados o lado $\overline{OT}$, m($\overline{EO}$) = 35 mm, a altura de 30 mm e m($\overline{EA}$) = m($\overline{OT}$) − m($\overline{EO}$).

Esboço/Análise   Roteiro

Construção

O   T

7. Construa um trapézio isósceles *ALYD*, dada a base menor $\overline{LA}$ e sabendo que a altura mede 4,5 cm e o ângulo $\hat{Y}$ mede 75°.

Esboço/Análise   Construção

L ───────── A

Roteiro

8. Construa um trapézio *NEMX*, dada a base $\overline{ME}$ e sabendo que $\overline{NE} \perp \overline{EM}$, $\hat{M}$ mede 45° e $\overline{EX}$ mede 6,5 cm.

Esboço/Análise   Construção

M

E

Roteiro

Compreendendo ideias

Paralelogramo

O **paralelogramo** é um quadrilátero que tem lados opostos paralelos entre si.

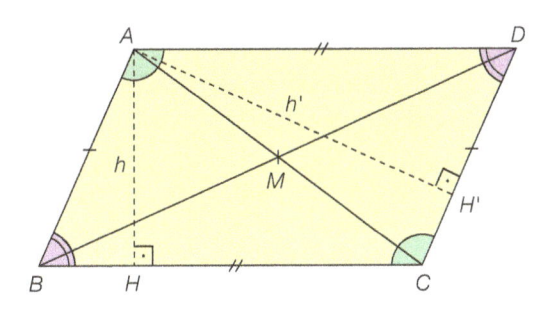

Propriedades

1ª) Os lados opostos são congruentes.

Na figura acima: $\overline{AB} \cong \overline{CD}$ e $\overline{DA} \cong \overline{BC}$

2ª) Os ângulos opostos são congruentes.

Na figura acima: $\hat{B} \cong \hat{D}$ e $\hat{A} \cong \hat{C}$

3ª) Os ângulos consecutivos são suplementares. Na figura acima:

$$m(\hat{A}) + m(\hat{B}) = m(\hat{B}) + m(\hat{C}) = m(\hat{C}) + m(\hat{D}) = m(\hat{D}) + m(\hat{A}) = 180°$$

4ª) As diagonais cruzam-se em seus pontos médios.

Na figura acima: $\overline{AC} \cap \overline{DB} = \{M\}$

$\overline{AM} = \overline{MC}$ e $\overline{BM} = \overline{MD}$

5ª) A distância de um vértice ao lado oposto ou ao prolongamento desse lado chama-se **altura** do paralelogramo. Note que o paralelogramo possui duas alturas, $\overline{AH}$ e $\overline{AH'}$, de medidas h e h', respectivamente.

6ª) Cada uma das diagonais divide o paralelogramo em dois triângulos congruentes.

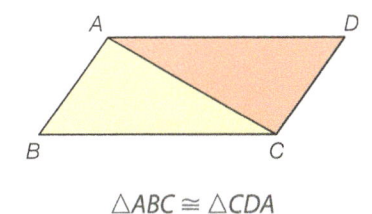

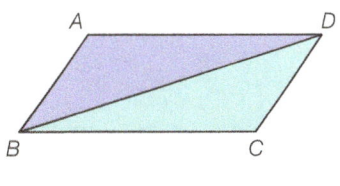

△ABC ≅ △CDA   △ABD ≅ △CDB

CAPÍTULO 5 • QUADRILÁTEROS   135

Construindo imagens

Exemplo 5 – Construção de um paralelogramo *OTAG*

- **Dados:** m($\overline{AG}$) = 3 cm, m($\overline{TA}$) = 5,5 cm e m($\hat{A}$) = 120°
- **Construir:** paralelogramo *OTAG*

Procedimentos para construção:

Esboço/Análise

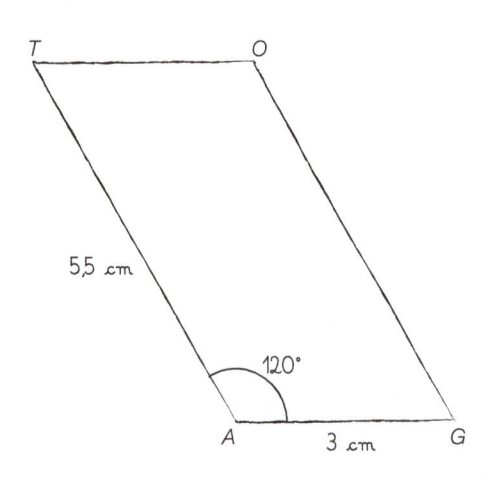

Roteiro

Começando por $\overline{GA}$: determinar o ponto *T* tal que *T* seja a interseção do ângulo com vértice no ponto *A* e medida 120° com LG-1 → ⊗ (*A*, 5,5 cm). Depois, determinar o ponto *O* tal que *O* seja a interseção de LG-1 → ⊗ (*G*, $\overline{TA}$) e LG-1 → ⊗ (*T*, $\overline{AG}$).

$T \begin{cases} m(\hat{A}) = 120° \\ \text{LG-1} \to \otimes (A, 5{,}5 \text{ cm}) \end{cases}$

$O \begin{cases} \text{LG-1} \to \otimes (G, TA) \\ \text{LG-1} \to \otimes (T, AG) \end{cases}$

Construção

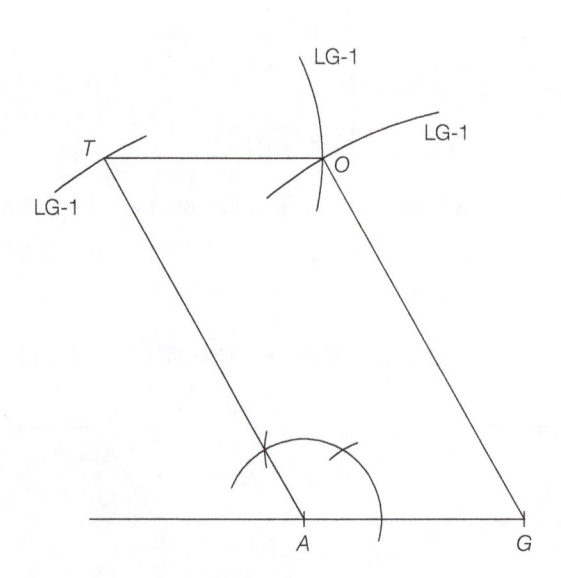

Exemplo 6 – Construção de um paralelogramo *OACN*

- **Dados:** lado maior $\overline{AC}$, diagonal $\overline{AN}$ de medida 8,5 cm e a medida de sua altura menor, que é 3,5 cm
- **Construir:** paralelogramo *OACN*

Procedimentos para construção:

Esboço/Análise

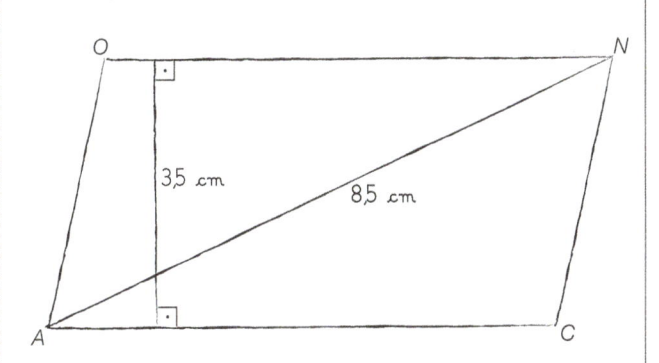

Roteiro

Começando por $\overline{AC}$ (dado): determinar o ponto *N* tal que *N* seja a interseção de LG-2 → // ($\overleftrightarrow{AC}$, 3,5 cm) e LG-1 → → ⊗ (*A*, 8,5 cm). Depois, determinar o ponto *O* tal que *O* seja a interseção de LG-2 → → // ($\overleftrightarrow{AC}$, 3,5 cm) e LG-1 → ⊗ (*A*, $\overline{AC}$).

$N \begin{cases} \text{LG-2} \rightarrow \ // \ (\overleftrightarrow{AC}, 3,5 \text{ cm}) \\ \text{LG-1} \rightarrow \ \otimes \ (A, 8,5 \text{ cm}) \end{cases}$

$O \begin{cases} \text{LG-2} \rightarrow \ // \ (\overleftrightarrow{AC}, 3,5 \text{ cm}) \\ \text{LG-1} \rightarrow \ \otimes \ (A, \overline{CN}) \end{cases}$

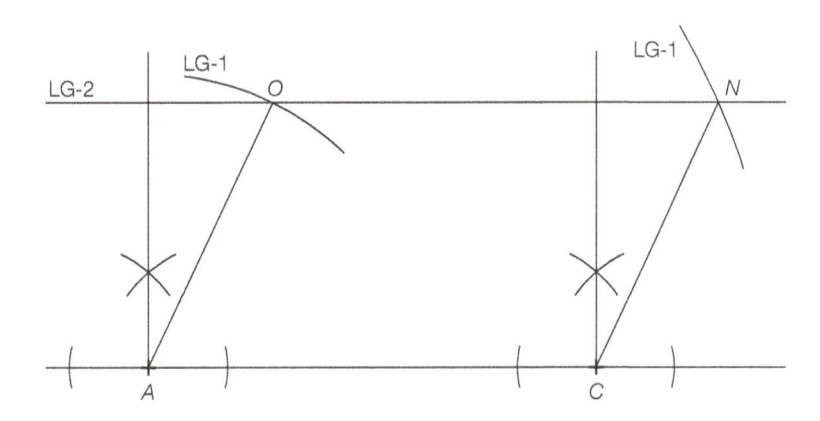

Construção

Você em ação

1) Construa um paralelogramo *OFAC*, dados m($\overline{FA}$) = 36 mm, m($\overline{AO}$) = 93 mm e m($\hat{F}$) = 135°.

Esboço/Análise   Construção

Roteiro

2) Construa um paralelogramo *APOT*, dados o lado menor ($\overline{OP}$), de medida 3,2 cm; o lado maior ($\overline{PA}$), de medida 5,8 cm, e a altura entre os lados maiores, de medida 2,8 cm.

Esboço/Análise   Construção

Roteiro

③ Construa um paralelogramo *LOAE*, dados m($\overline{AE}$) = 4 cm, m($\overline{EO}$) = 9,5 cm e m($A\hat{E}O$) = 30°.

Esboço/Análise   Construção

Roteiro

④ Construa um paralelogramo *ASOP*, dados m($\overline{AO}$) = 88 mm, m($\hat{O}$) = 75° e m($S\hat{O}A$) = 30°.

Esboço/Análise   Construção

Roteiro

5 Construa um paralelogramo *OBED*, conhecendo as medidas de suas diagonais e a medida do menor ângulo formado por elas.

Esboço/Análise   Construção

Roteiro

6 Construa um paralelogramo *OCIM*, conhecendo as medidas de uma altura (6,5 cm) e de suas diagonais (7 cm e 8,5 cm).

Esboço/Análise   Construção

Roteiro

Compreendendo ideias

Retângulo

O **retângulo** é um paralelogramo equiângulo (de ângulos congruentes).
Todas as propriedades dos paralelogramos valem também para os retângulos.
Considere o retângulo ABCD representado abaixo.

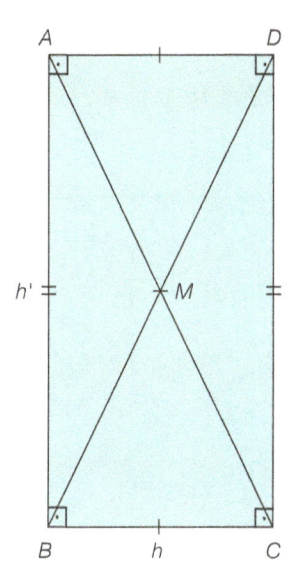

Nele podemos observar:

- os lados congruentes: $\overline{AB} \cong \overline{CD}$ e $\overline{BC} \cong \overline{DA}$;

- os ângulos retos: $m(\hat{A}) = m(\hat{B}) = m(\hat{C}) = m(\hat{D}) = \dfrac{360°}{4} = 90°$;

- a interseção das diagonais no ponto médio: $\overline{AC} \cap \overline{BD} = \{M\}$
  $AM = MC = BM = MD$;

- os triângulos congruentes determinados pelas diagonais:
  $\overline{AC} \rightarrow \triangle ABC$ e $\triangle CDA$
  $\overline{BD} \rightarrow \triangle BCD$ e $\triangle DAB$

- as alturas coincidentes com os lados (medidas h e h').

Além das propriedades dos paralelogramos que também valem para os retângulos, enunciamos mais uma:

> **Propriedade**
>
> As diagonais de um retângulo são congruentes entre si.

Observe o $\triangle ABC$ e o $\triangle DCB$.

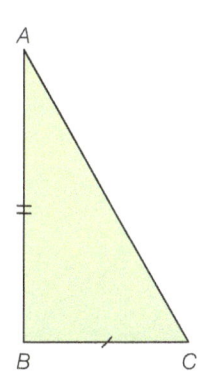

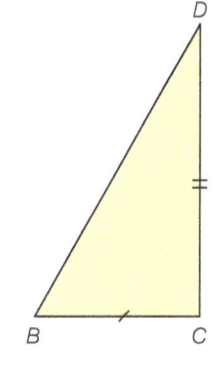

Eles são congruentes, pois:
- $\overline{AB} \cong \overline{DC}$;
- $A\hat{B}C \cong D\hat{C}B$;
- $\overline{BC}$ é comum.

Então, $\overline{AC} \cong \overline{BD}$.

O retângulo possui uma circunferência circunscrita cujo centro M é o ponto de interseção das diagonais. Esse ponto é equidistante dos vértices do retângulo, pois é ponto médio das diagonais.

A medida r do raio da circunferência é a metade da medida d da diagonal do retângulo: $r = \left(\dfrac{d}{2}\right)$

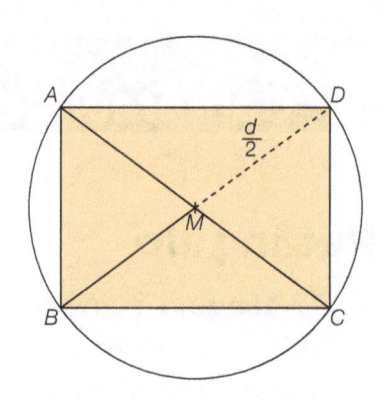

Construindo imagens

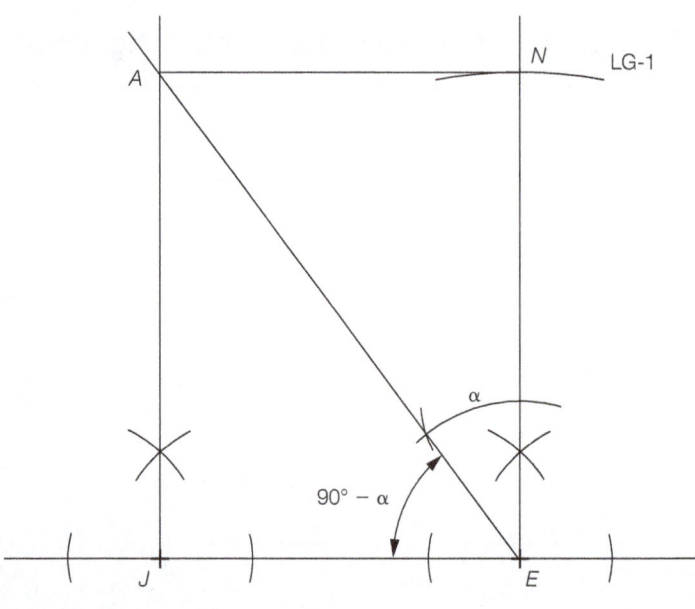

Exemplo 7 – Construção de um retângulo AJEN

- **Dados:** lado $\overline{JE}$, ângulo formado pelo $\overline{EN}$ e pela diagonal $\overline{EA}$ que mede α.
- **Construir:** retângulo AJEN

Procedimentos para construção:

Esboço/Análise

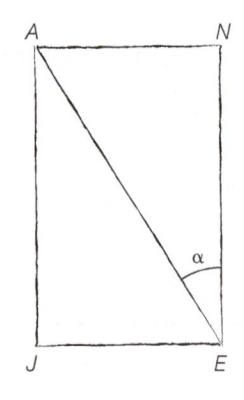

$A \begin{cases} m(\hat{J}) = 90° \\ m(J\hat{E}A) = 90° - \alpha \end{cases}$

$O \begin{cases} m(\hat{E}) = 90° \\ \text{LG-1} \to \otimes (E, AJ) \end{cases}$

Construção

Roteiro

Começando por $\overline{JE}$: determinar o ponto A tal que A seja a interseção do ângulo com vértice no ponto J e medida 90° com o ângulo $J\hat{E}A$ de medida 90° – α. Depois, determinar o ponto O tal que O seja a interseção do ângulo com vértice no ponto E com LG-1 → ⊗ (E, AJ).

Exemplo 8 – Construção de um retângulo *EBCD*

- **Dados:** um lado menor $\overline{BE}$ com medida 3,4 cm e o centro *O* da circunferência circunscrita, cuja distância ao lado $\overline{BE}$ é 3,2 cm
- **Construir:** retângulo *EBCD*

Procedimentos para construção:

Esboço/Análise

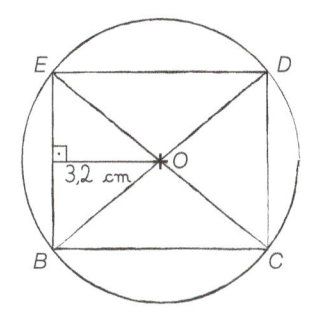

Roteiro

Começando por $\overline{BE}$: determinar o ponto *O* tal que *O* seja a interseção da mediatriz do segmento *BE* e LG-1 → → ⊗ (*M*, 3,2 cm). Depois, determinar os pontos *D* e *C* tal que *D* e *C* sejam as interseções de LG-1 → → ⊗ (*O*, $\overline{OB}$) e as semirretas $\overrightarrow{BO}$ e *EO*, respectivamente.

$O \begin{cases} \text{LG-3} \to \text{mtz}(\overline{BE}) \\ \text{LG-1} \to \otimes (M,\ 3{,}2\ \text{cm}) \end{cases}$

$D \text{ e } C \begin{cases} \otimes (O, OB) \\ \overrightarrow{BO} \text{ e } \overrightarrow{EO} \end{cases}$

Construção

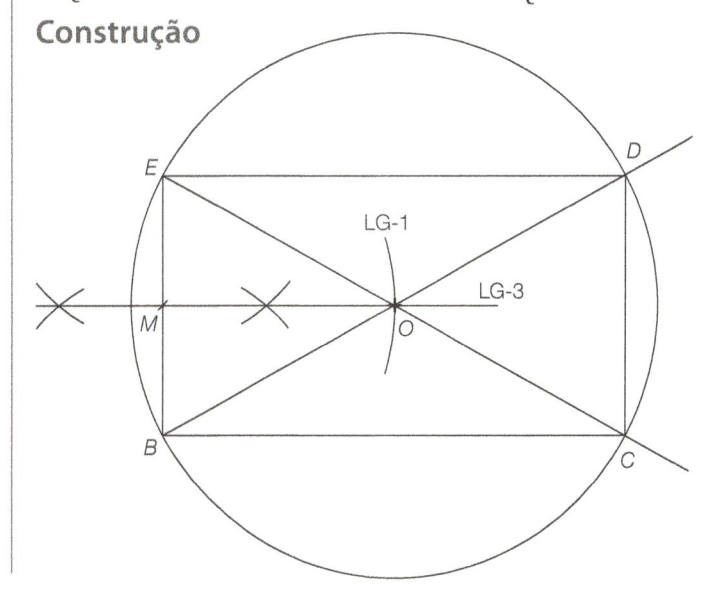

Você em ação

1. Construa um retângulo *ANPG*, sabendo que o lado maior mede 56 mm e o lado menor mede 34 mm.

   Esboço/Análise   Construção

   Roteiro

2 Construa um retângulo VARM, dados m($\overline{VM}$) = 18 mm e m($\overline{AM}$) = 63 mm.

Esboço/Análise   Construção

Roteiro

3 Construa um retângulo LPCY, dados m($\overline{LY}$) = 25 mm e m($L\hat{Y}P$) = 60°.

Esboço/Análise   Construção

Roteiro

4 Construa um retângulo LGDA, dados m($L\hat{A}G$) = 60° e m($\overline{AM}$) = 3,5 cm, sabendo que M é o ponto comum das diagonais.

Esboço/Análise   Construção

Roteiro

5. Construua um retângulo RXTO, dados a diagonal $\overline{RT}$ de medida x e o ângulo $T\hat{R}O$ de medida α.

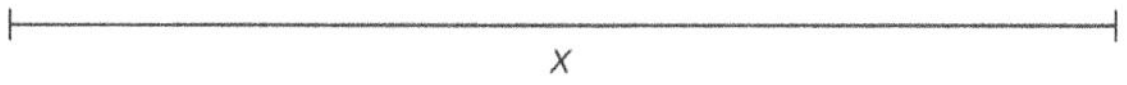

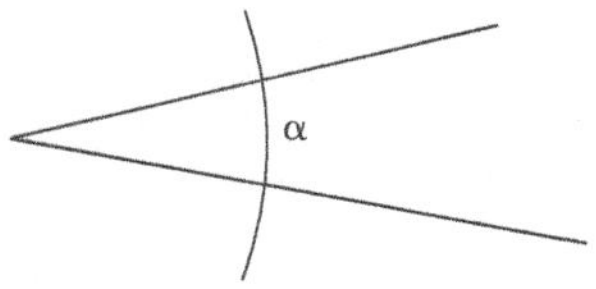

Esboço/Análise   Construção

Roteiro

6. Dado $m(\overline{DV}) = 8{,}7$ cm e sabendo que o menor ângulo formado pelas diagonais $\overline{DV}$ e $\overline{TA}$ mede 45°, construa um retângulo DAVT.

Esboço/Análise   Construção

Roteiro

Compreendendo ideias

Losango

O **losango** é um paralelogramo equilátero (de lados congruentes). Valem para o losango todas as propriedades dos paralelogramos. Considere o losango ABCD representado ao lado.

Nele podemos observar:

- os lados congruentes: $\overline{AB} \cong \overline{BC} \cong \overline{CD} \cong \overline{DA}$;
- os ângulos opostos congruentes: $\hat{A} \cong \hat{C}$ e $\hat{B} \cong \hat{D}$;
- os ângulos consecutivos suplementares:

  $m(\hat{A}) + m(\hat{B}) = m(\hat{B}) + m(\hat{C}) = m(\hat{C}) + m(\hat{D}) =$
  $= m(\hat{D}) + m(\hat{A}) = 180°$;

- a interseção das diagonais no ponto médio: $\overline{AC} \cap \overline{BD} = \{M\}$
  $\overline{AM} = \overline{MC}$ e $\overline{BM} = \overline{MD}$;

- os triângulos congruentes determinados pelas diagonais:

  $\overline{AC} \rightarrow \triangle ABC$ e $\triangle ADC$ $\qquad\qquad$ $\overline{BD} \rightarrow \triangle ABD$ e $\triangle BCD$

- a altura $\overline{BH}$ de medida h (todas as alturas de um losango são congruentes).

Além das propriedades dos paralelogramos, o losango apresenta outras três.

Propriedades

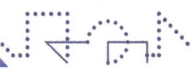

1ª) As diagonais de um losango são perpendiculares entre si.

Na figura anterior, $\overline{AC} \perp \overline{BD}$.

2ª) As diagonais de um losango são bissetrizes dos seus ângulos internos. Na figura anterior, observe que o $\triangle BCD$ é isósceles ($\overline{BC} = \overline{CD}$). Nele, $\overline{CM}$ é altura, mediana e bissetriz interna. Então $\gamma_1 = \gamma_2$.

3ª) As diagonais do losango são eixos de simetria.

O losango admite uma circunferência inscrita, cujo centro M é o ponto de interseção das diagonais. Esse ponto é equidistante dos lados do losango, pois pertence às bissetrizes dos ângulos internos.

A medida r do raio da circunferência é igual à distância do centro a qualquer lado do losango.

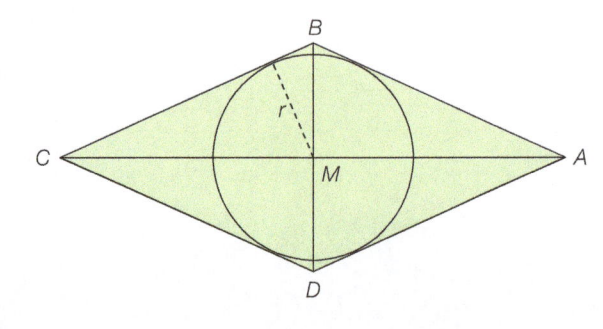

Construindo imagens

Exemplo 9 – Construção de um losango EZAC

- **Dados:** $\overline{EZ}$ = 3,5 cm e o ângulo formado por $\overline{EZ}$ e pela diagonal $\overline{EA}$ que mede 30°
- **Construir:** losango EZAC

Procedimentos para construção:

Esboço/Análise

$A \begin{cases} Z\hat{E}A = 30° \\ \text{LG-1} \to \otimes (Z, 3,5 \text{ cm}) \end{cases}$

$C \begin{cases} \text{LG-1} \to \otimes (E, 3,5 \text{ cm}) \text{ ou } \hat{E} = 60° \\ \text{LG-1} \to \otimes (A, 3,5 \text{ cm}) \end{cases}$

Construção

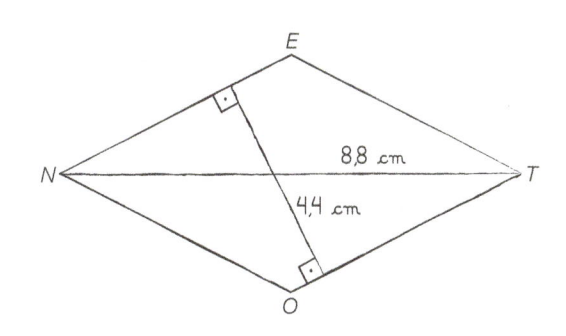

Roteiro

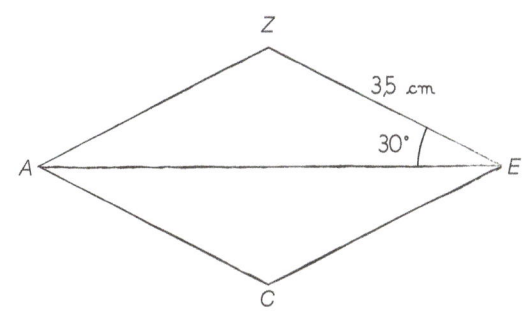

Começando por $\overline{EZ}$: determinar o ponto A tal que A seja a interseção do ângulo $Z\hat{E}A$ e LG-1 $\to \otimes$ (Z, 3,5 cm). Depois, determinar o ponto C tal que C seja a interseção de LG-1 $\to \otimes$ (O, $\overline{OB}$), ou do ângulo com vértice em E de medida 30°, e LG-1 $\to$ $\to \otimes$ (A, 3,5 cm).

Exemplo 10 – Construção de um losango ENOT

- **Dados:** diagonal maior, de medida 8,8 cm, e a altura, de medida 4,4 cm
- **Construir:** losango ENOT

Procedimentos para construção:

Esboço/Análise

Roteiro

Começando por N ∈ r, suporte de $\overline{NO}$: determinar o ponto T tal que T seja a interseção da reta paralela à reta r com e LG-1 → ⊗ (N, 8,8 cm) distando 4,4 cm. Depois, determinar o ponto E tal que E seja a interseção da reta paralela à reta r distando 4,4 cm com a mediatriz do segmento NT.

$T \begin{cases} \text{LG-2} \to /\!/ \ (r, 4,4 \text{ cm}) \\ \text{LG-1} \to \otimes (N, 8,8 \text{ cm}) \end{cases}$ $E \begin{cases} \text{LG-2} \to \otimes /\!/ \ (r, 4,4 \text{ cm}) \\ \text{LG-3} \to \otimes \text{mtz} (\overline{NT}) \end{cases}$ $O \begin{cases} r \\ \text{LG-3} \to \otimes \text{mtz} (\overline{NT}) \end{cases}$

Construção

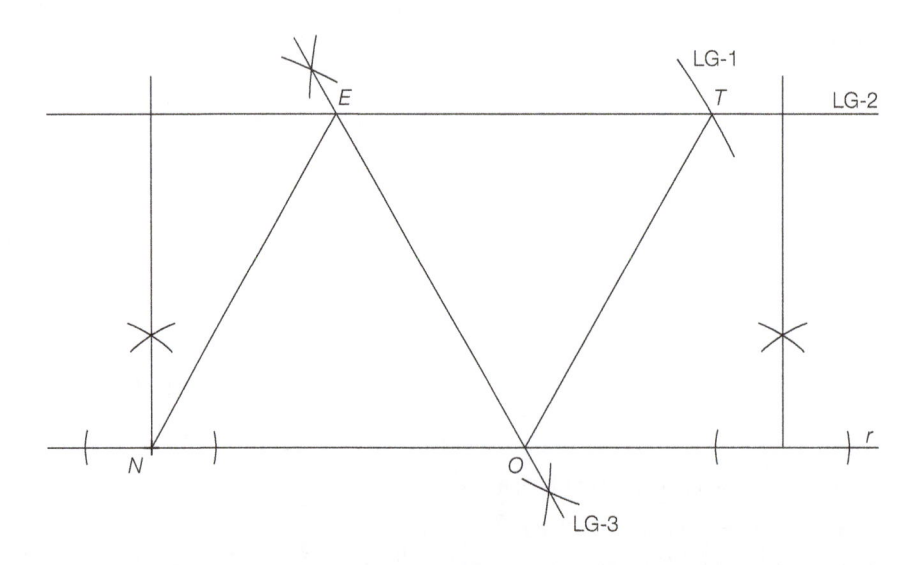

Você em ação

1. Construa um losango ACOR, dados m($\overline{CA}$) = 3 cm e m($\overline{AO}$) = 5 cm.

Esboço/Análise   **Construção**

Roteiro

2 Construa um losango ARLU, dados m($\overline{RU}$) = 4 cm e m(AL) = 5,5 cm.

Esboço/Análise   Construção

Roteiro

3 Dados os pontos G e T, construa um losango UGOT, cujo ângulo $G\hat{T}U$ é 22°30'.

Esboço/Análise   Construção

G₊   ₊T

Roteiro

4 Construa um losango ZIUL, cujas medidas de uma diagonal e de seu ângulo oposto são: m($\overline{LI}$) = 68 mm e m($\hat{Z}$) = Ω.

Esboço/Análise

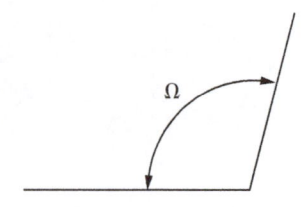

Construção

Roteiro

5 Construa um losango OUES, sabendo que sua altura mede 30 mm e que o ângulo interno $\hat{O}$ mede 45°.

Esboço/Análise

Roteiro

Construção

Compreendendo ideias

Quadrado

O **quadrado** é um paralelogramo equilátero e equiângulo (possui todos os lados congruentes e todos os ângulos congruentes). O quadrado é o único quadrilátero regular.

Valem para o quadrado todas as propriedades dos paralelogramos, dos retângulos e dos losangos.

Considere o quadrado ABCD representado ao lado.
Nele podemos observar:

- os lados congruentes: $\overline{AB} \cong \overline{BC} \cong \overline{CD} \cong \overline{DA}$;

- os ângulos retos: $m(\hat{A}) = m(\hat{B}) = m(\hat{C}) = m(\hat{D}) = \frac{360°}{4} = 90°$;

- as diagonais congruentes e perpendiculares: $\overline{AC} \cong \overline{BD}$ e $\overline{AC} \perp \overline{BD}$;

- a interseção das diagonais no ponto médio (o ponto M é o centro do quadrado):
$\overline{AC} \cap \overline{BD} = \{M\}$
$AM = MC$ e $BM = MD$

- as diagonais como bissetrizes dos ângulos internos. Por exemplo:
$\alpha_1 + \alpha_2 = 90°$ e $\alpha_1 = \alpha_2 = 45°$

- os triângulos congruentes determinados pelas diagonais:
$\overline{AC} \rightarrow \triangle ACB$ e $\triangle CAD$
$\overline{BD} \rightarrow \triangle ABD$ e $\triangle CDB$

- as alturas que coincidem com os lados (medida h).

O quadrado possui uma circunferência circunscrita de centro M (interseção das diagonais) e raio de medida $\frac{d}{2}$ (metade da medida da diagonal).

O quadrado também possui uma circunferência inscrita de centro M e raio de medida r igual à distância do centro a qualquer lado do quadrado.

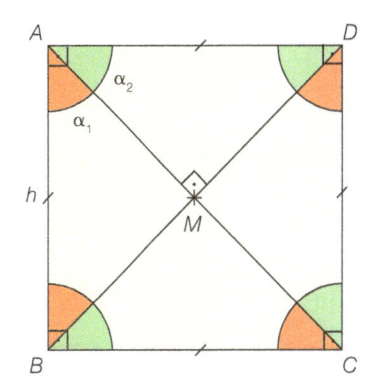

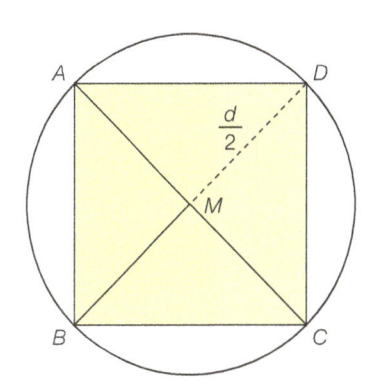

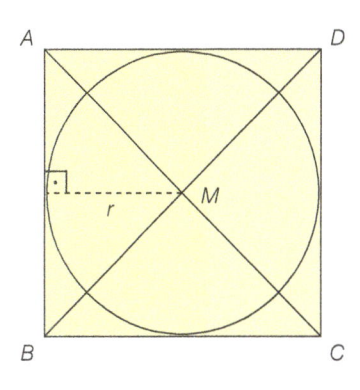

Construindo imagens

Exemplo 11 – Construção de um quadrado *HLAM* inscrito em uma circunferência dada

• **Dados:** a circunferência circunscrita, ⊗(O, 25 mm)   • **Construir:** quadrado *HLAM*

Procedimentos para construção:

Esboço/Análise

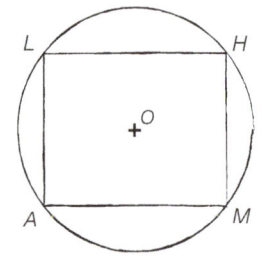

Construção

Roteiro

Traçar o diâmetro $\overline{LM}$. Depois, determinar os pontos *A* e *H* tal que *A* e *H* sejam a interseção de LG-1 → → ⊗ (O, $\overline{OL}$) com a mediatriz do segmento *LM*.

$$A \text{ e } H \begin{cases} \otimes (O, OL) \\ \text{LG-3} \to \text{mtz}(\overline{LM}) \end{cases}$$

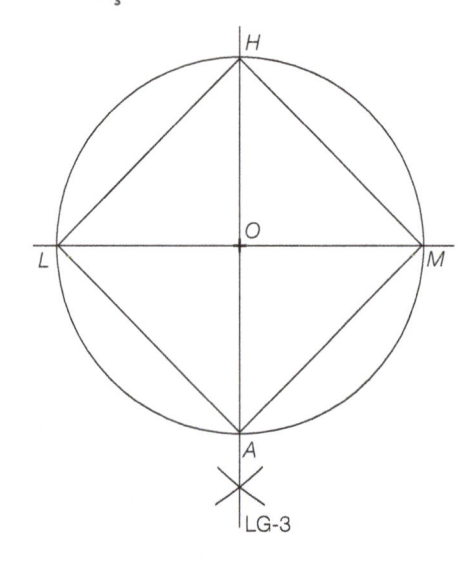

Você em ação

1. Construa um quadrado *AREP* com lados de medida 40 mm.

   Esboço/Análise   Construção

   Roteiro

2 Construa um quadrado MPRA, dados M e r, sendo $\overline{PR} \subset r$.

Esboço/Análise **Roteiro**

Construção

M

r

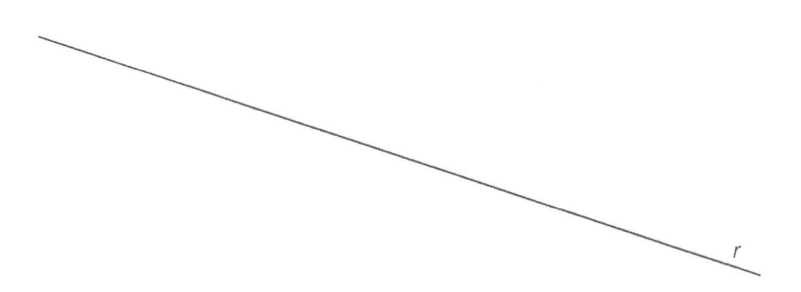

3 Construa um quadrado NFOG, sabendo que 9,8 cm é a medida do seu semiperímetro.

Esboço/Análise **Construção**

Roteiro

4 Conhecendo a diagonal $\overline{AO}$ de medida 3,5 cm, construa um quadrado *OTAC*.

Esboço/AnáliseConstrução

Roteiro

5 Construa um quadrado *ALPB*, conhecendo um de seus vértices (*A*) e o ponto *M* comum às suas diagonais.

Esboço/AnáliseConstrução

Roteiro

A +

+ M

6 Sabendo que a mediana de um quadrado é o segmento de extremidades nos pontos médios de lados opostos, construa o quadrado *ABCD*, dada a mediana $\overline{MN}$.

Esboço/AnáliseConstrução

Roteiro

M

N

Olhando ao redor

1 Pare, pense e responda!

a) De acordo com a lógica, qual é a figura que contempla a série? Desenhe-a.

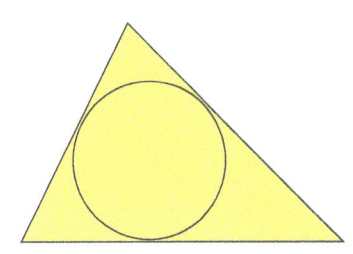

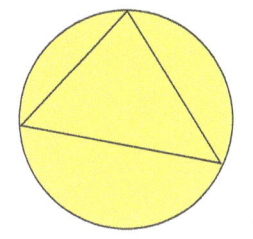

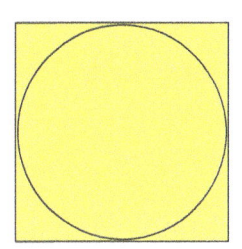

b) Com 24 palitos é possível construir seis quadrados congruentes, como nesta figura. Usando os mesmos palitos, construa sete e oito quadrados congruentes.

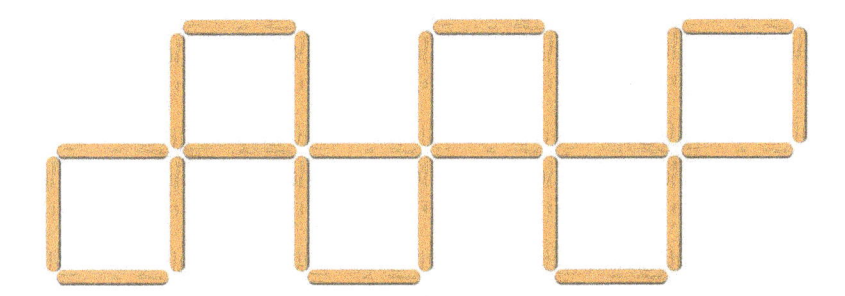

c) Quantos quadrados é possível observar na figura?

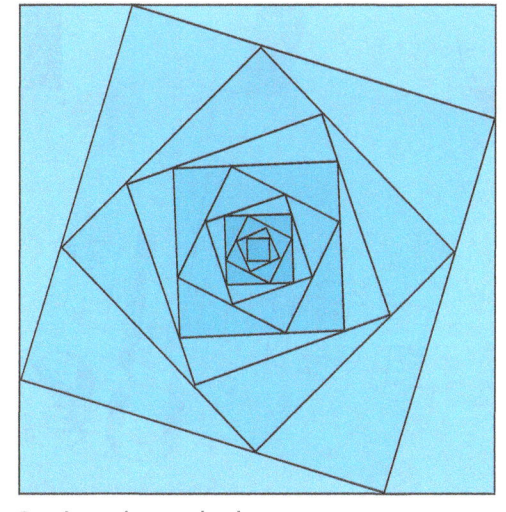

Rosácea de quadrados.

CAPÍTULO 5 • QUADRILÁTEROS 155

d) Agora, desenhe como seria possível montar um quadrado com as peças resultantes de dois cortes desta figura.

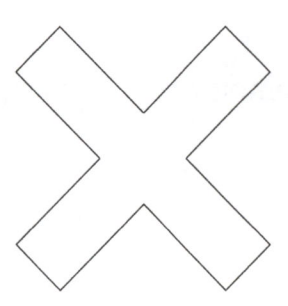

e) Monograma é uma composição resultante da união ou do entrelaçamento das letras iniciais de um nome. Você pode criar monogramas com as suas iniciais dobrando fitas de papel colorido (como as serpentinas). Estes exemplos mostram dobraduras que resultam sempre em quadriláteros.

Utilize fitas de papel colorido e crie um monograma com as iniciais do seu nome e sobrenome e use-o como modelo para ser aplicado em objetos pessoais, como capas de cadernos, blocos de anotações, etc.

2 **Analisando os padrões das calçadas, é possível identificar os lugares onde elas se encontram.**

Na cidade de São Paulo, por exemplo, um padrão bastante usado é a composição com mapas estilizados do estado.

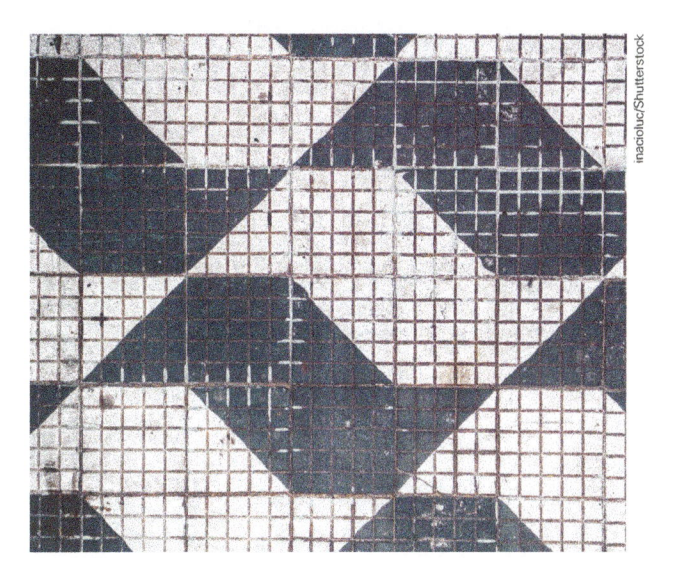

Tente desenhar essa composição, sabendo que para cada mapa são usadas as seguintes peças: 2 quadrados e 4 triângulos.

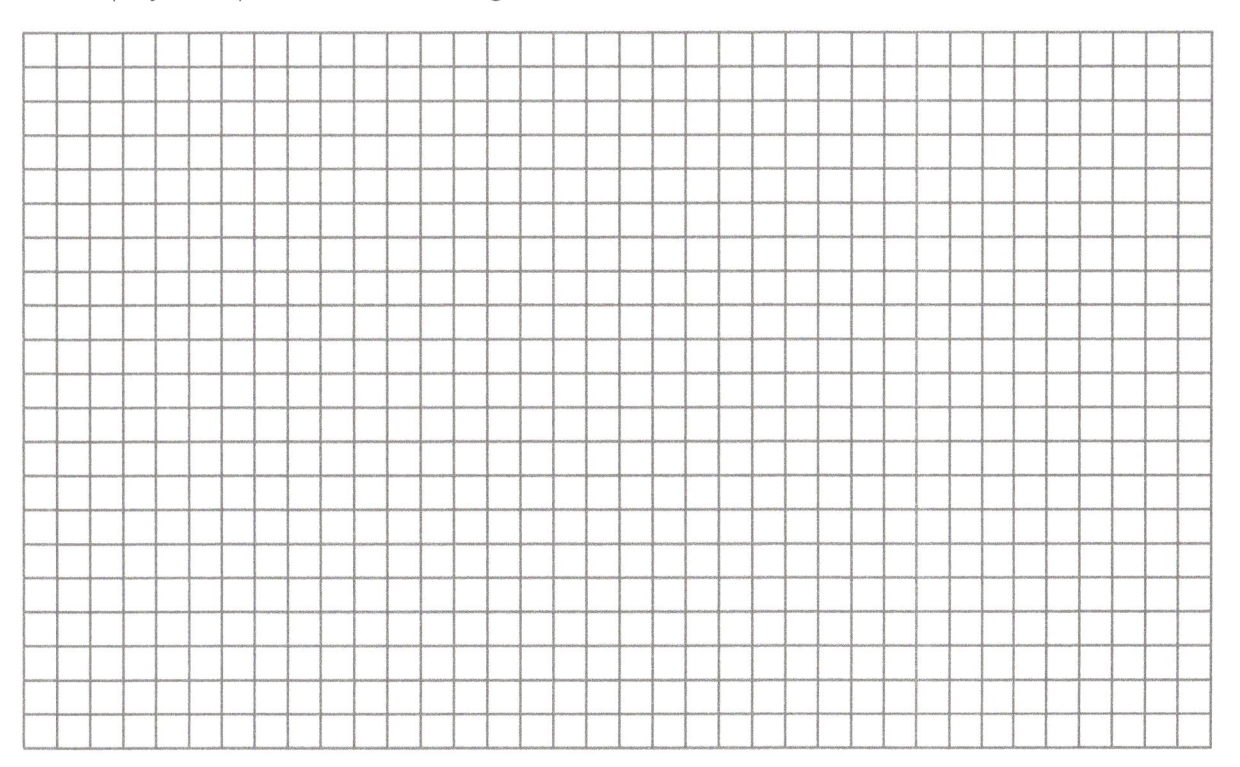

Depois, você pode criar um padrão com polígonos, representando algo típico do seu estado ou cidade.

3 Os praticantes de voo com asa-delta elegeram alguns dos melhores pontos do país para saltar: Atibaia (A), em São Paulo; pico do Ibituruna (P), em Minas Gerais; serra da Jiboia (S), na Bahia; e vale Paranoá (V), no Distrito Federal.

Esses pontos são vértices de um quadrilátero APSV do qual se conhecem os lados $\overline{VS}$, o lado $\overline{AV}$ de medida 26 mm, a diagonal $\overline{AS}$ de medida 43 mm, o ângulo $\hat{S}$ de medida 45° e o lado $\overline{AP}$ de medida 23 mm.

Construa neste mapa esse quadrilátero, localizando Atibaia e o pico do Ibituruna.

Esboço/Análise **Roteiro**

Fonte: IBGE. *Atlas geográfico escolar*. 7. ed. Rio de Janeiro, 2016.

4 Observe a fotografia ao lado e o mapa abaixo, que representa parte do centro histórico da cidade de São Luís, capital do estado do Maranhão. Veja como as ruas determinam quarteirões que são, na grande maioria, quadriláteros.

Bairro da Praia Grande, São Luís (MA).

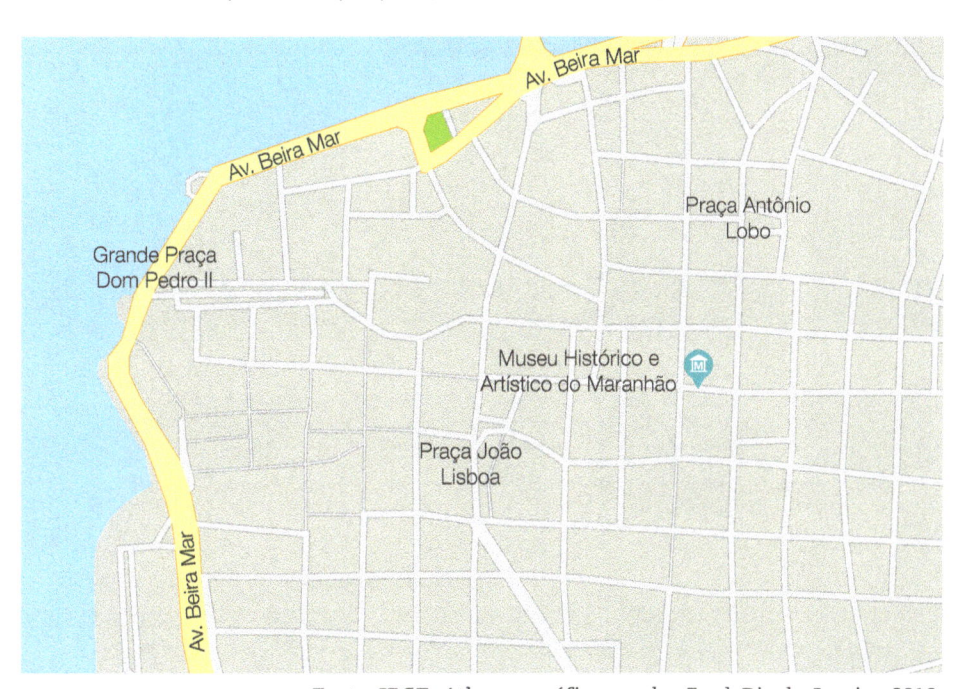

Fonte: IBGE. *Atlas geográfico escolar*. 7. ed. Rio de Janeiro, 2016.

- Indique que tipos de quadrilátero existem na planta de trecho dessa cidade:

....

Você sabia?

- São Luís é também conhecida como a capital brasileira do *reggae*, de inspiração jamaicana.
- O casario coberto de azulejos portugueses do centro histórico é considerado pela Unesco um patrimônio cultural da humanidade.
- Nesta cidade ainda é mantida a tradição do *Bumba meu boi* nas festas populares.

- Agora, complete o desenho deste trecho do centro histórico de São Luís, utilizando régua e compasso, de acordo com as indicações a seguir.

  Um quarteirão é retangular com um dos lados menores voltado para a rua João Vital e os lados maiores voltados para a rua das Palmas e para a rua Afonso Pena. Os pontos E e F são as extremidades de um lado maior, cuja medida é o dobro da medida do lado menor.

  O outro quarteirão é quadrado e tem lados voltados para as ruas João Vital, Quatorze de Julho e 28 de Julho. Os pontos A e B são as extremidades de um de seus lados.

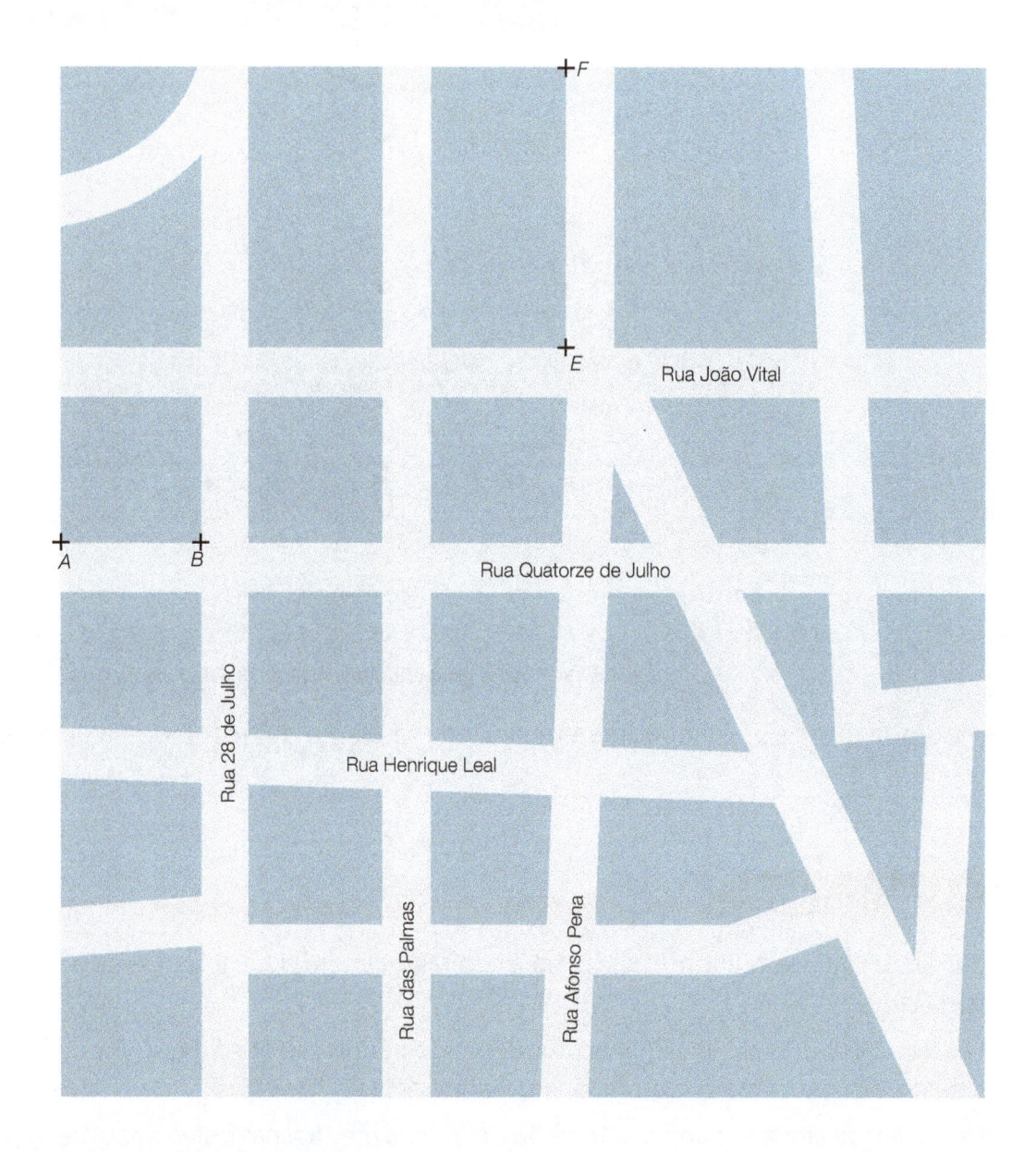

5 Há uma região em Minas Gerais que, por ter solos ricos em minérios de ferro, é conhecida como "Quadrilátero Ferrífero". Essa região é delimitada pelas cidades de Belo Horizonte, Santa Bárbara, Mariana e Congonhas do Campo.

Construa esse quadrilátero, sabendo que na figura a distância entre Belo Horizonte e Santa Bárbara é de 5,5 cm e que Mariana está distante 1,6 cm da estrada retilínea que liga Santa Bárbara a Congonhas do Campo. Sabe-se também que o ângulo de vértice em Belo Horizonte, cujos lados passam por Santa Bárbara e Congonhas do Campo, mede 82°30′ e que a cidade de Ouro Preto fica entre Congonhas e Mariana, estando essas três cidades alinhadas.

Roteiro

Construção

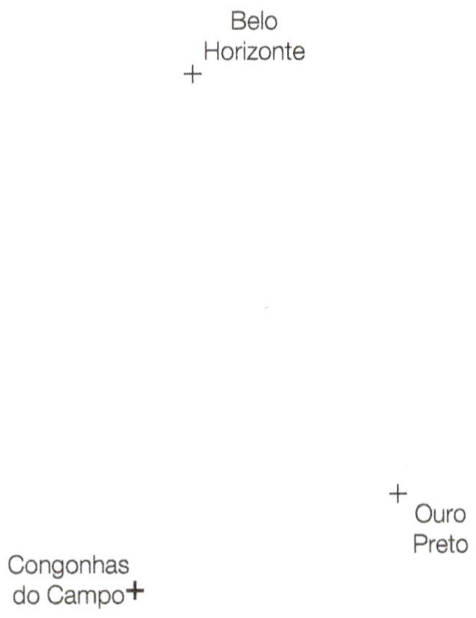

+ Belo Horizonte

+ Ouro Preto

Congonhas do Campo +

CAPÍTULO

6

Figuras geométricas espaciais

Na costa da Irlanda do Norte há um conjunto natural de colunas de rocha vulcânica que lembram prismas hexagonais ou pentagonais de diferentes alturas chamado de Calçada dos Gigantes. Como eles, encontramos outras formas que lembram figuras espaciais na natureza: espinhos em formato de cone, troncos com formato de cilindro, etc. Inspirada nessas figuras, a humanidade construiu muitos objetos que utilizamos no dia a dia.

Formação rochosa conhecida como Calçada dos Gigantes, no condado de Antrim (Irlanda do Norte).

Compreendendo ideias

Os sólidos geométricos

Vivemos em um mundo tridimensional. Só para lembrar, **dimensão** é um termo que vem do latim *dimetiri* e significa "medir". Assim, um objeto 3D é aquele que tem três medidas: comprimento, largura e altura.

Voltando às figuras geométricas espaciais, que também são conhecidas como sólidos geométricos, vamos conhecer seus nomes e suas características.

Poliedros

Primeiramente, considere que algumas figuras têm faces, arestas e vértices (ver figura ao lado). Saiba que as figuras que têm todos esses elementos compõem uma classe chamada de **poliedros** (*poli* significa "várias" e *edros*, "faces") e suas faces são polígonos.

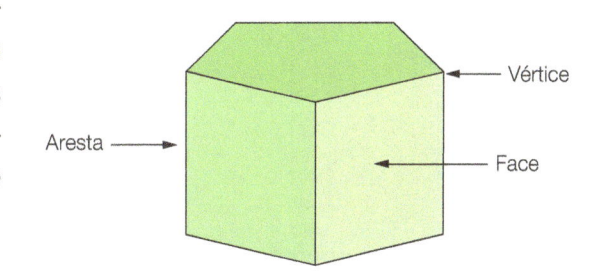

Conheça alguns poliedros:

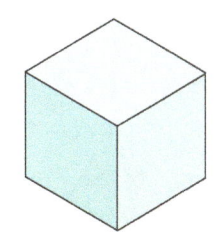

Cubo
(seis faces quadradas).

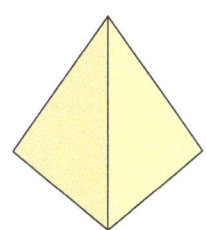

Tetraedro
(quatro faces triangulares).

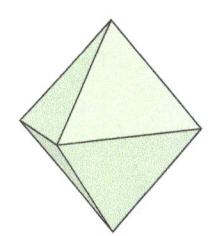

Octaedro
(oito faces triangulares).

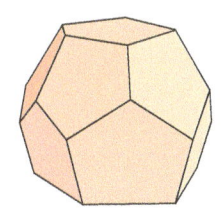

Dodecaedro
(doze faces pentagonais).

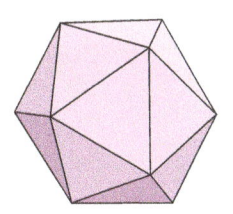

Icosaedro
(vinte faces triangulares).

Essas figuras são chamadas de **poliedros regulares**, porque suas faces são polígonos regulares e congruentes entre si. São conhecidas também como poliedros de Platão, pois foram estudadas e divulgadas por ele. Os poliedros que não apresentam essas características são chamados de **poliedros irregulares**.

Os **prismas** são poliedros que têm faces com formato de paralelogramo e suas duas bases são polígonos congruentes: triângulos, quadrados, pentágonos, hexágonos, etc.

Quando as bases do prisma também são paralelogramos, então o prisma é chamado de **paralelepípedo**. Um caso especial de bloco retangular é o **cubo**, que tem todas as faces quadradas.

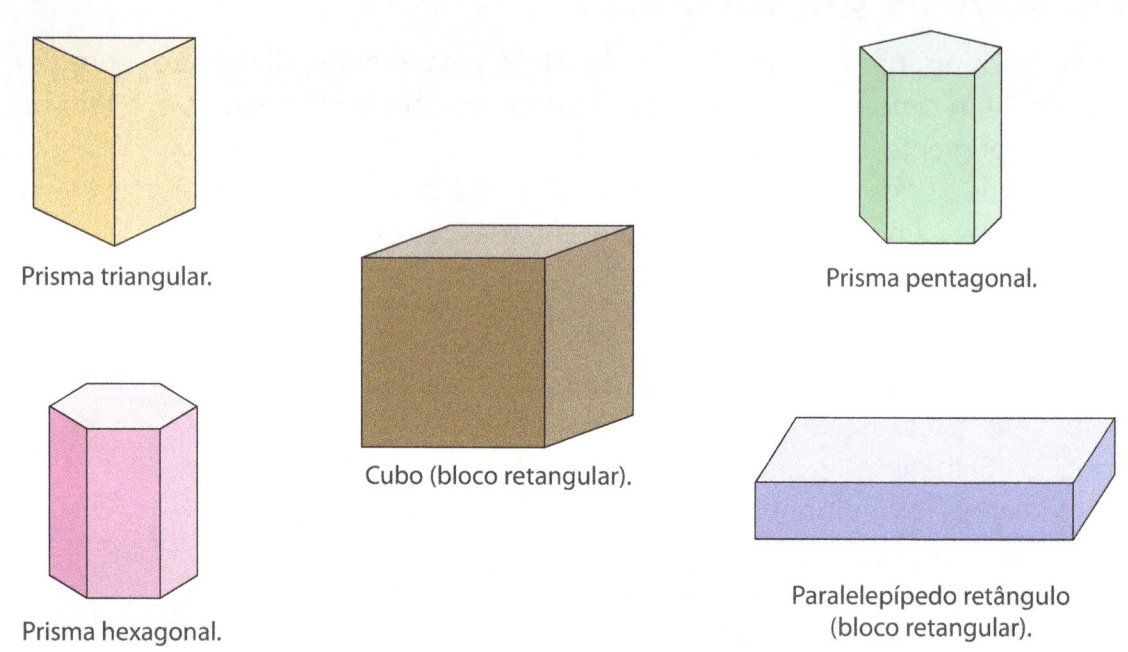

Prisma triangular.

Prisma pentagonal.

Cubo (bloco retangular).

Prisma hexagonal.

Paralelepípedo retângulo (bloco retangular).

Já as **pirâmides** são poliedros que têm uma única base e suas faces são triângulos com um vértice comum. A base da pirâmide pode ser qualquer polígono.

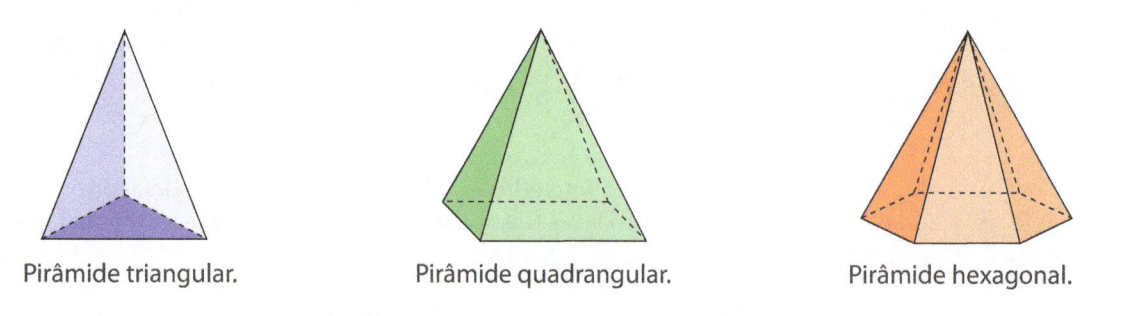

Pirâmide triangular.

Pirâmide quadrangular.

Pirâmide hexagonal.

Os prismas e as pirâmides podem ser retos ou oblíquos, dependendo da posição de suas arestas.

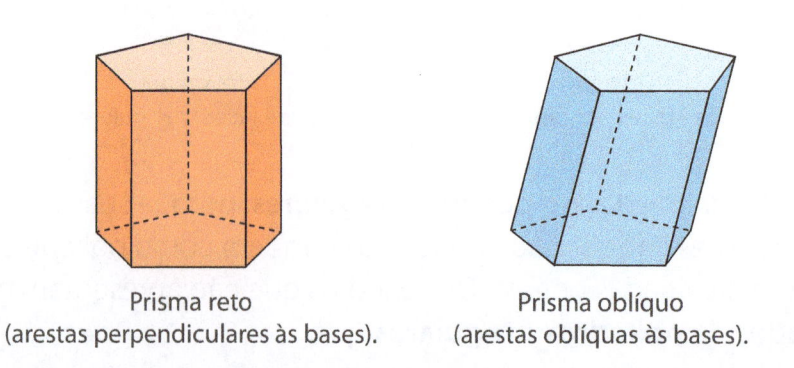

Prisma reto
(arestas perpendiculares às bases).

Prisma oblíquo
(arestas oblíquas às bases).

DESENHO GEOMÉTRICO • IDEIAS E IMAGENS

Corpos redondos

Existem sólidos geométricos que apresentam superfícies arredondadas. Elas são conhecidas como **não poliedros**, **sólidos de revolução** ou **corpos redondos**.

Os **sólidos de revolução** são caracterizados por uma curvatura na superfície. Eles são gerados com a rotação de 360° de uma figura plana em torno de um eixo em um de seus lados.

Vamos conhecer alguns deles:

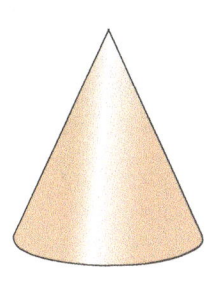

Cone.

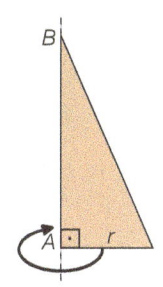

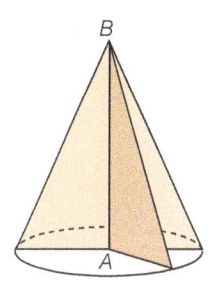

Figura geradora: triângulo retângulo.
Eixo: cateto $\overline{AB}$.

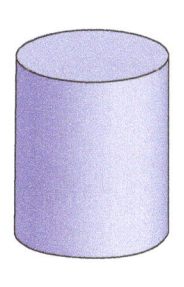

Cilindro.

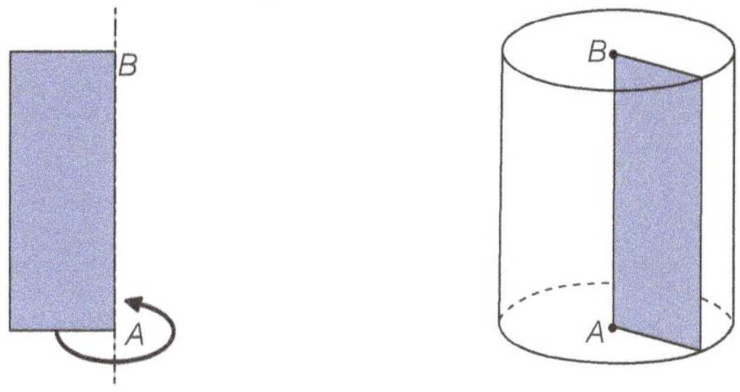

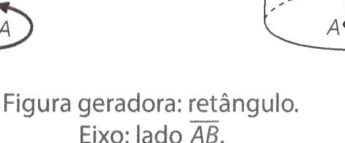

Figura geradora: retângulo.
Eixo: lado $\overline{AB}$.

Esfera.

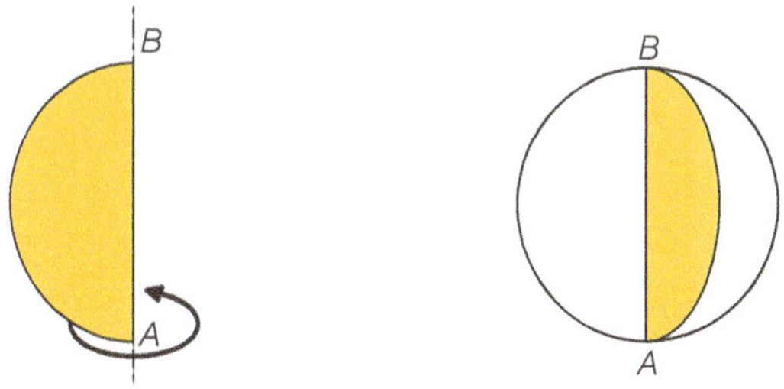

Figura geradora: semicírculo.
Eixo: diâmetro $\overline{AB}$.

Agora que você já conhece melhor as figuras geométricas espaciais, vamos ver como podemos desenhar algumas delas.

Planificação da superfície de sólidos geométricos

Veja como podemos planificar a superfície de algumas figuras geométricas espaciais, como o prisma reto de base triangular abaixo.

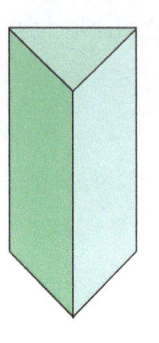

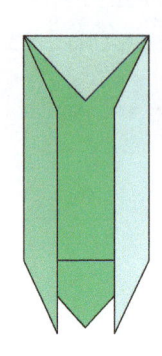

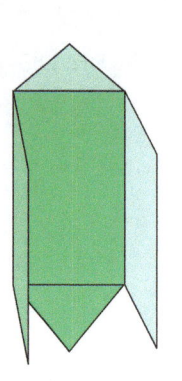

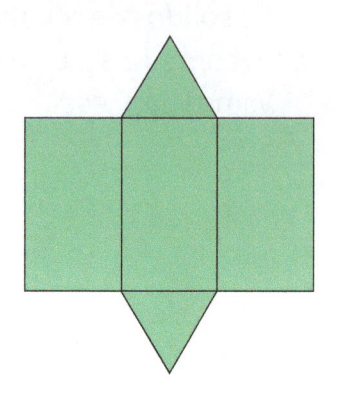

Agora, observe outras planificações.

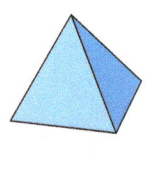

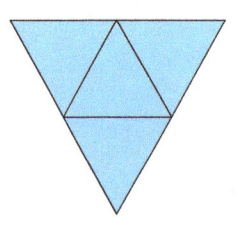

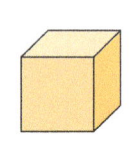

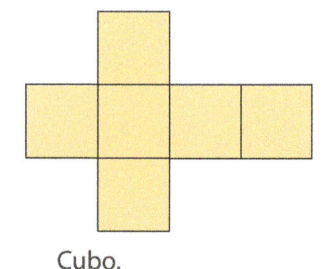

Pirâmide de base triangular.

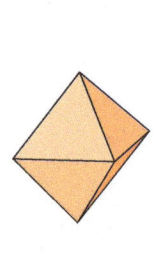

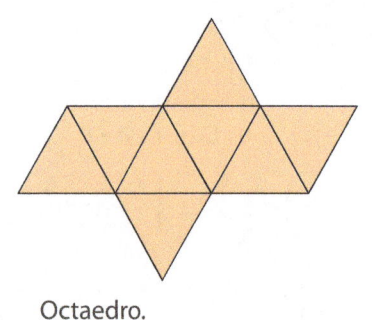

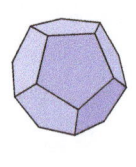

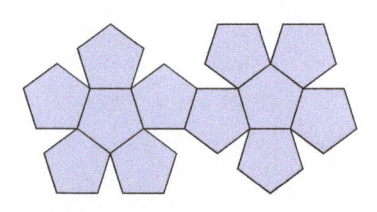

Cubo.

Octaedro.

Dodecaedro.

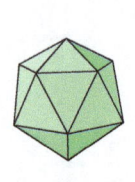

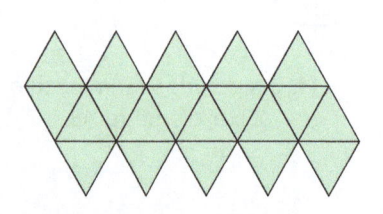

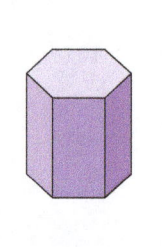

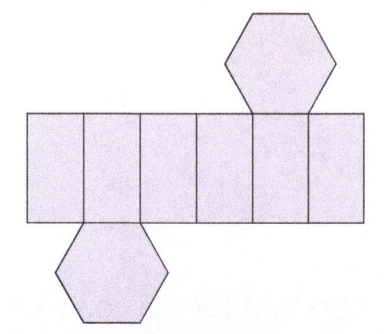

Icosaedro.

Prisma de base hexagonal.

Pirâmide de base quadrada.

Paralelepípedo retângulo.

Cone.

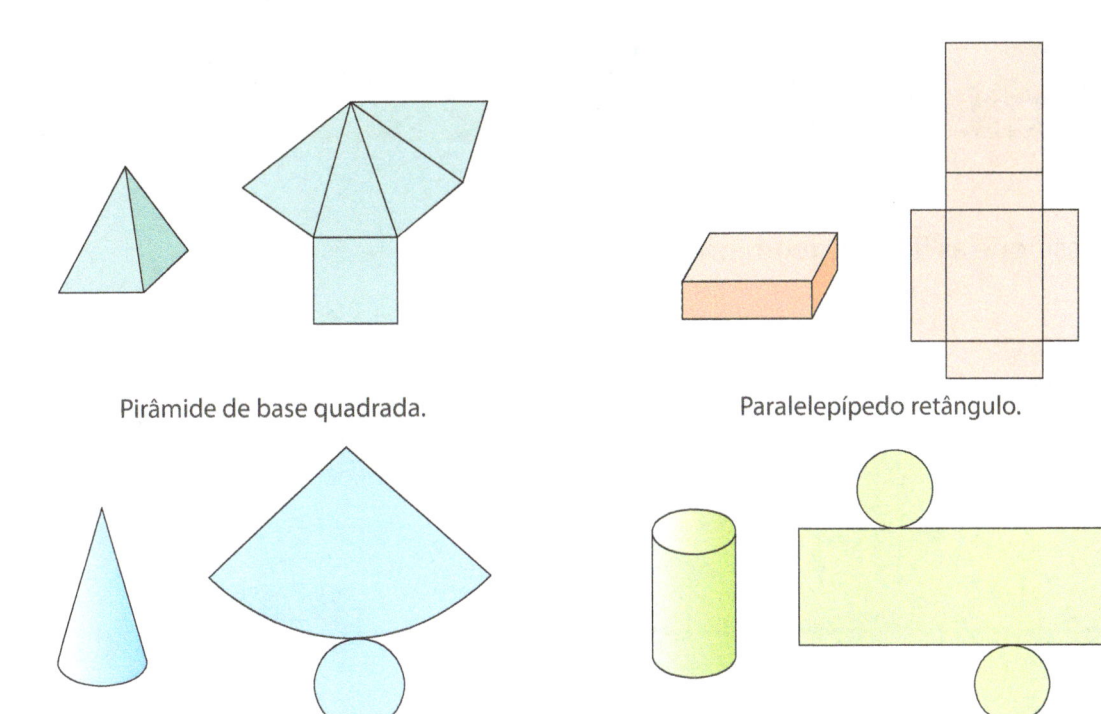

Cilindro.

Construindo imagens

Construir a planificação de um paralelepípedo

- **Dado:** paralelepípedo retângulo
- **Construir:** planificação deste prisma

Procedimento para construção:

1º) Desenhe um retângulo e subdivida-o em quatro outros retângulos com o mesmo tamanho das faces do prisma.

2º) Desenhe outros dois retângulos congruentes a partir do retângulo superior maior, como mostrado abaixo.

Obs.: Os traços contínuos significam **cortar** e os tracejados, **dobrar**.

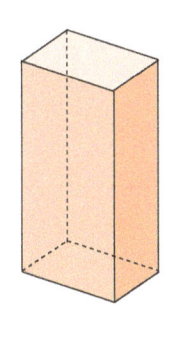

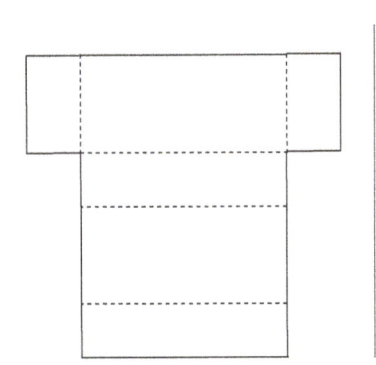

Para você construir:

CAPÍTULO 6 • AS FIGURAS GEOMÉTRICAS ESPACIAIS

Você em ação

1 Classifique as figuras geométricas espaciais.

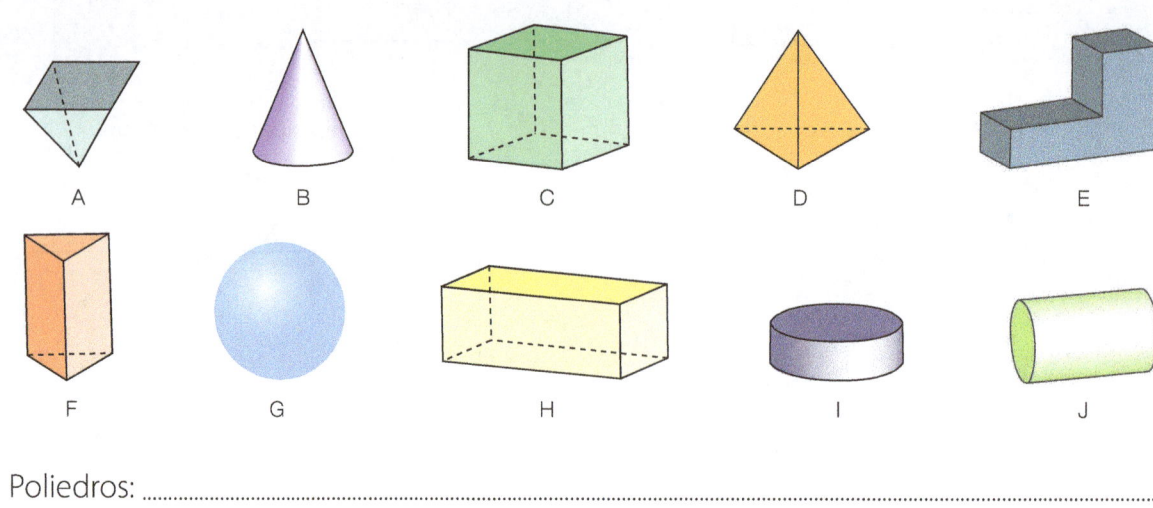

A B C D E
F G H I J

Poliedros: ....

Corpos redondos: ....

2 Indique as figuras que possuem as características listadas a seguir.

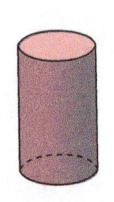

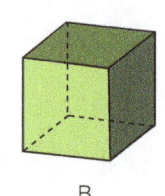

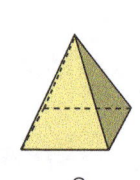

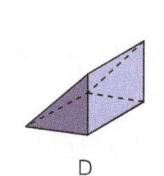

A B C D E F

Não têm vértice: ....

Não têm superfícies curvas: ....

Têm faces: ....

Não têm arestas: ....

Têm base: ....

3 Adivinhe quem sou eu.

a) Tenho seis vértices e nove arestas: ....

b) Tenho duas bases e nenhuma aresta: ....

c) Não tenho bases, arestas nem vértices: ....

d) Tenho seis vértices e uma base: ....

4 Qual é o nome de cada uma destas figuras? Ela é poliedro regular, poliedro irregular ou sólido de revolução?

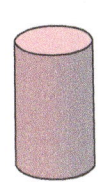

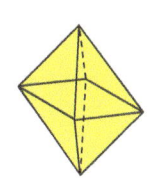

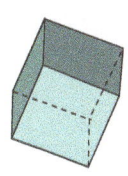

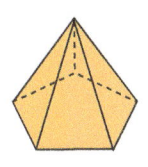

....
....
....

5 Quantos vértices, arestas e faces a figura representada a seguir possui?

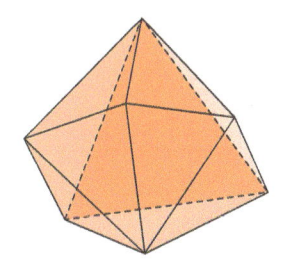

Vértices: ....

Arestas: ....

Faces: ....

6 Ligue o poliedro com a planificação de sua superfície.

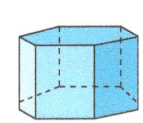

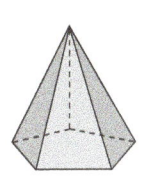

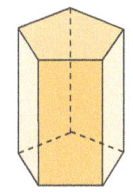

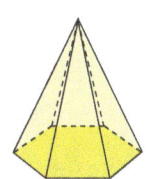

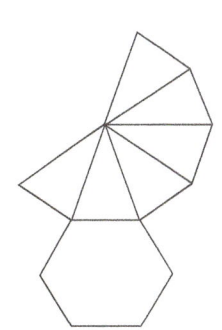

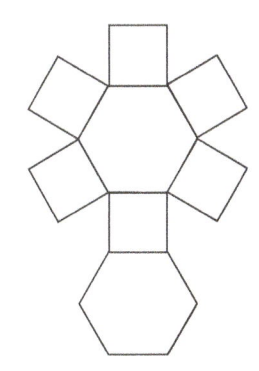

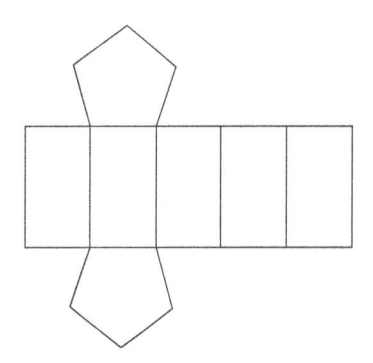

7 Qual destas figuras não pode ser planificação da superfície de um cilindro? Por quê?

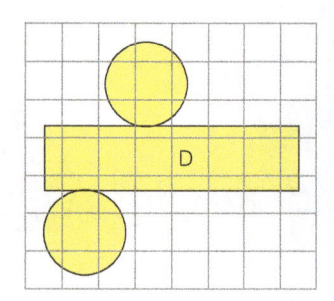

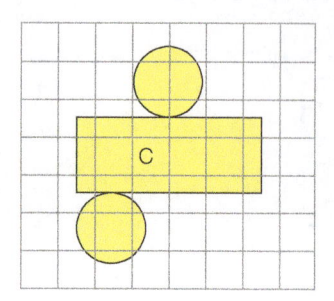

....
....

8 (Enem) Assim como na relação entre o perfil de um corte de um torno e a peça torneada, sólidos de revolução resultam da rotação de figuras planas em torno de um eixo. Girando as figuras abaixo em torno da haste indicada, obtêm-se os sólidos de revolução que estão na coluna da direita.

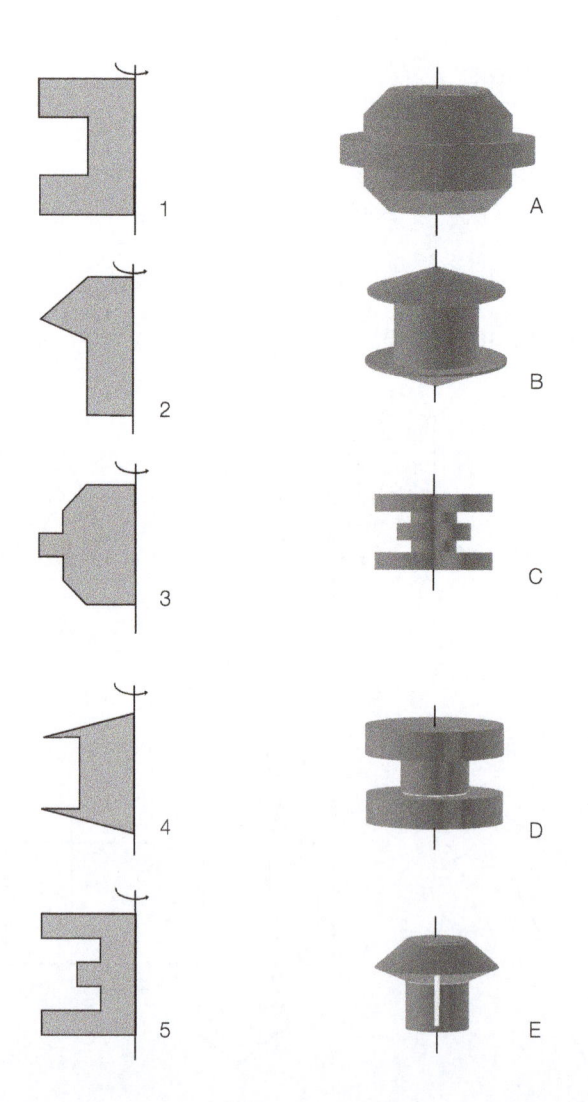

A correspondência correta entre as figuras planas e os sólidos de revolução obtidos é:

a) 1E, 2B, 3C, 4D, 5A.

b) 1A, 2B, 3C, 4D, 5E.

c) 1B, 2D, 3E, 4A, 5C.

d) 1D, 2E, 3A, 4B, 5C.

e) 1D, 2E, 3B, 4C, 5A.

170 DESENHO GEOMÉTRICO • IDEIAS E IMAGENS

9 **Desenhando o invisível.**

Observe na figura que a linha tracejada indica a aresta que existe, mas que não é vista desta posição porque o sólido não é transparente.

Com base nisso, desenhe as arestas escondidas dos sólidos a seguir.

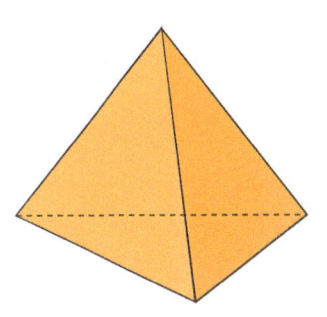

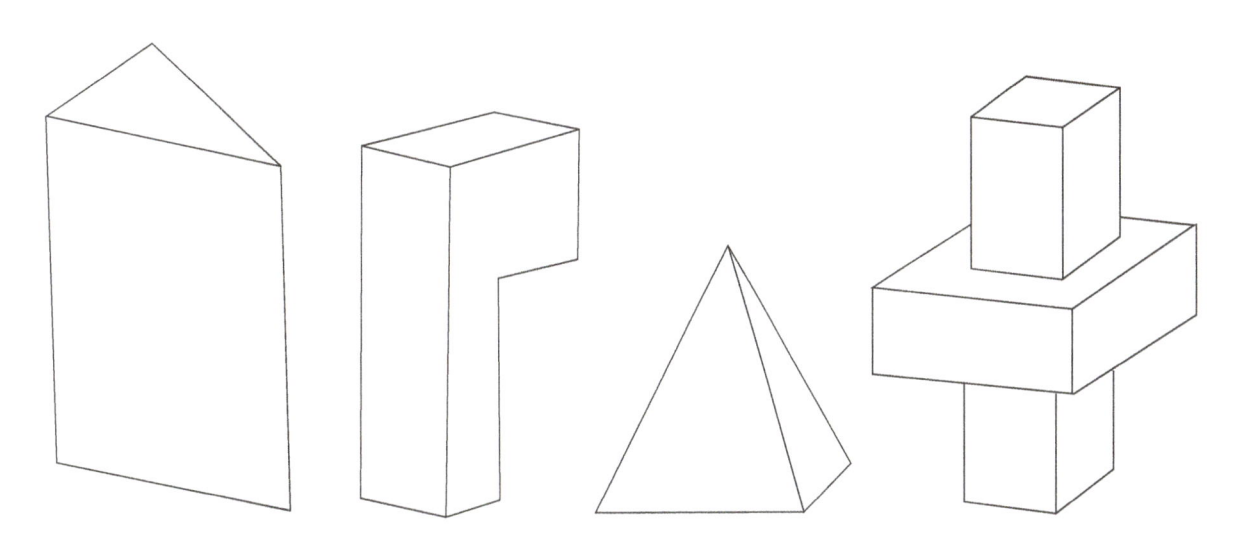

10 Desenhe à mão livre a representação de cada sólido geométrico com base na planificação dada.

11 Qual das figuras corresponde à planificação da superfície do prisma a seguir?

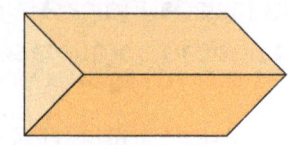

a)

b)

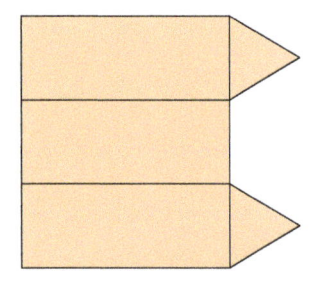

c)

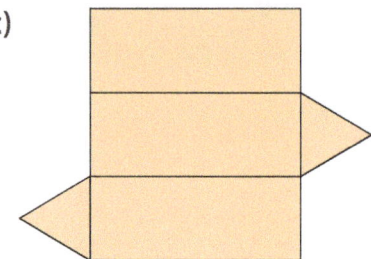

d)

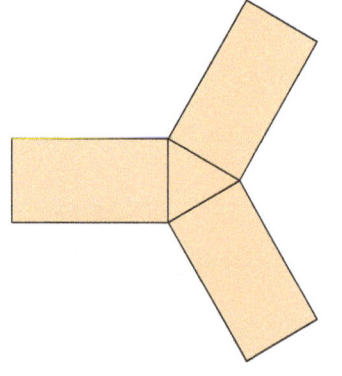

12 Identifique e nomeie o poliedro ou sólido de revolução correspondente a cada planificação.

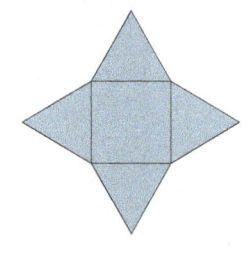

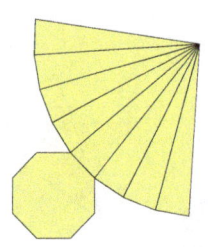

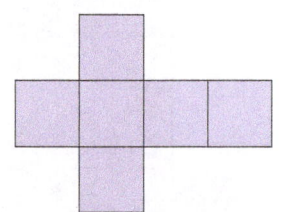

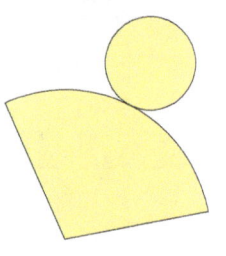

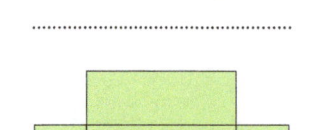

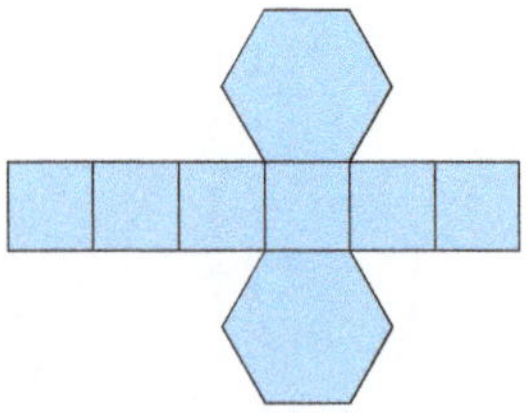

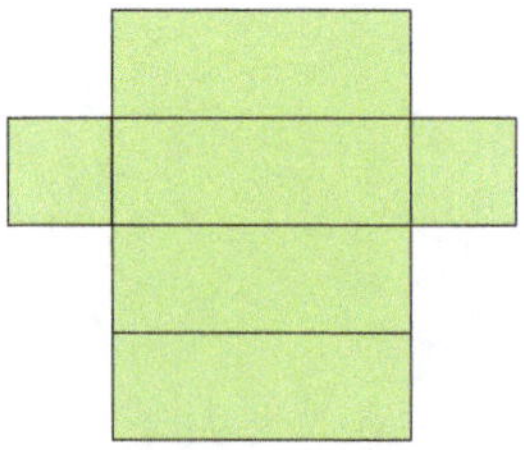

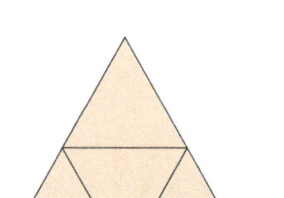

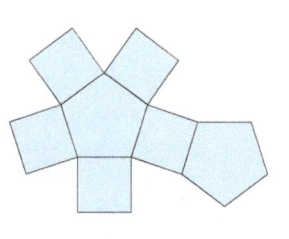

....
....

....
....

172 DESENHO GEOMÉTRICO • IDEIAS E IMAGENS

Olhando ao redor

1 Salvador Dalí (1908-1989), pintor nascido na Catalunha (Espanha), mestre da arte surrealista, utilizou figuras que lembram figuras geométricas espaciais em suas obras. Indique as que você reconhece em cada pintura a seguir.

A última ceia (1955).

A desintegração da persistência da memória (1952-1954).

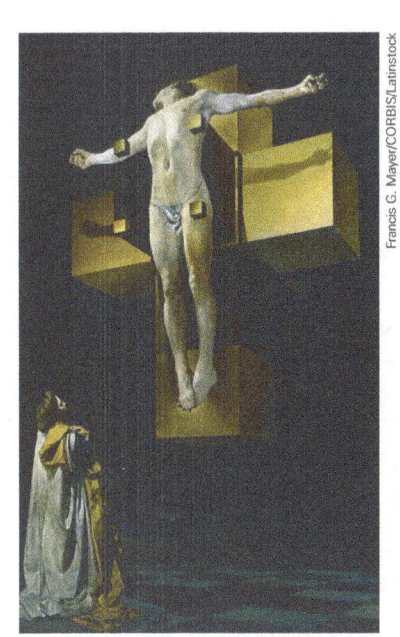

....

Crucificação (1954).

Aparelhos e mão (1927).

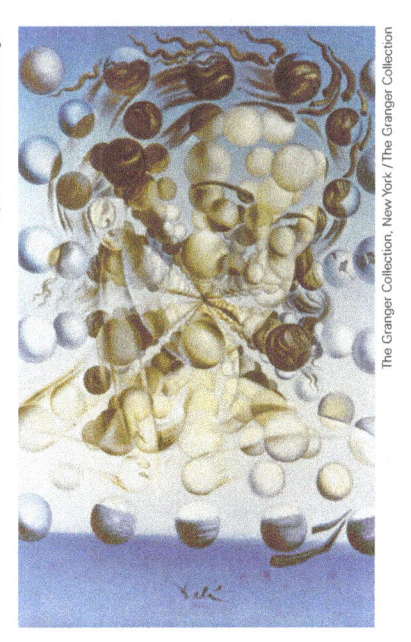

Galatea das esferas (1952).

....

CAPÍTULO 6 • AS FIGURAS GEOMÉTRICAS ESPACIAIS

De olho na mídia

Arranha-céu inspirado na escultura de Brancusi em Xangai

Inspirada nas formas da escultura *Coluna infinita*, do artista romeno Constantin Brancusi, a Soho Gubei Office Tower, em Xangai, emprega a suave silhueta em zigue-zague da mais famosa escultura do mestre romeno.

A torre é composta de uma sequência de quatro volumes empilhados, cujas superfícies apresentam tramas deslocadas que jogam com a densidade e transparência da fachada.

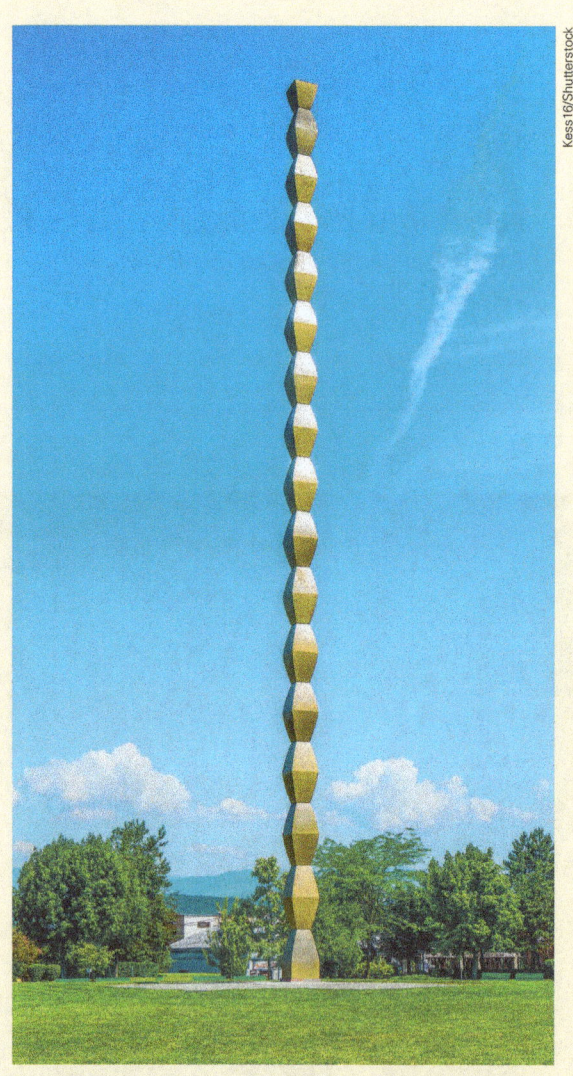

Escultura *Coluna infinita*, de Constantin Brancusi. Targu Jiu, Romênia.

Soho Gubei Office Tower, Xangai, China.

Informações disponíveis em: <https://www.archdaily.com.br/br/913037/kpf-conclui-arranha-ceu-inspirado-nas-esculturas-de-brancusi-em-xangai>. Acesso em: abr. 2019.

2. Para construir uma edificação, qual obra de arte você usaria para se inspirar? Pesquise a foto da obra de arte escolhida e desenhe à mão, no espaço abaixo, a sua criação. Não se esqueça de indicar qual utilização você daria para ela.

3 As embalagens são muito importantes nas atividades industriais e comerciais. Elas servem para proteger, conservar, atrair, divulgar e valorizar os produtos.

Você deve conhecer muitas embalagens interessantes do ponto de vista artístico, aquelas que aliam beleza à funcionalidade e que, algumas vezes, se tornam mais desejadas que os próprios produtos.

Produza uma embalagem para um produto que você escolher.

Comece pela pesquisa de embalagens de produtos do mesmo gênero. Examine os diferentes formatos, tamanhos, cores e rótulos.

Depois, crie sua embalagem desenhando a planificação da superfície de um sólido geométrico em papel encorpado e acrescente abas para colar. Finalize seu desenho com pintura ou colagem. Por último, dobre a planificação e monte o sólido.

Você também pode reutilizar embalagens descartadas – como caixas e tubos – como modelo ou suporte.

Desenhe aqui o produto que você escolheu ou cole uma fotografia dele.

4 As grandes pirâmides de Gizé – Quéops, Quéfren e Miquerinos – sobreviveram até hoje com suas estruturas praticamente intactas. Elas perderam apenas parte do revestimento nesses 4 500 anos.

A pirâmide de Quéops, de base quadrada e faces triangulares, tem mais de 146 metros de altura e era o monumento mais pesado e mais alto do mundo até o século XIX.

Fonte de pesquisa: <http://www.lmc.ep.usp.br/people/hlinde/estruturas/queops.htm>. Acesso em: março de 2019.

As três grandes pirâmides de Gizé. Da esquerda para a direita, Miquerinos, Quéfren e Quéops, que aqui parece ser menor que a de Quéfren por questão de perspectiva.

Pirâmide de Quéops.

As imagens não estão representadas em proporção.

Esta figura é a planificação da superfície de uma pirâmide. Reproduza o desenho em um papel encorpado e, antes de montar sua pirâmide, desenhe nela fatos interessantes da sua vida.

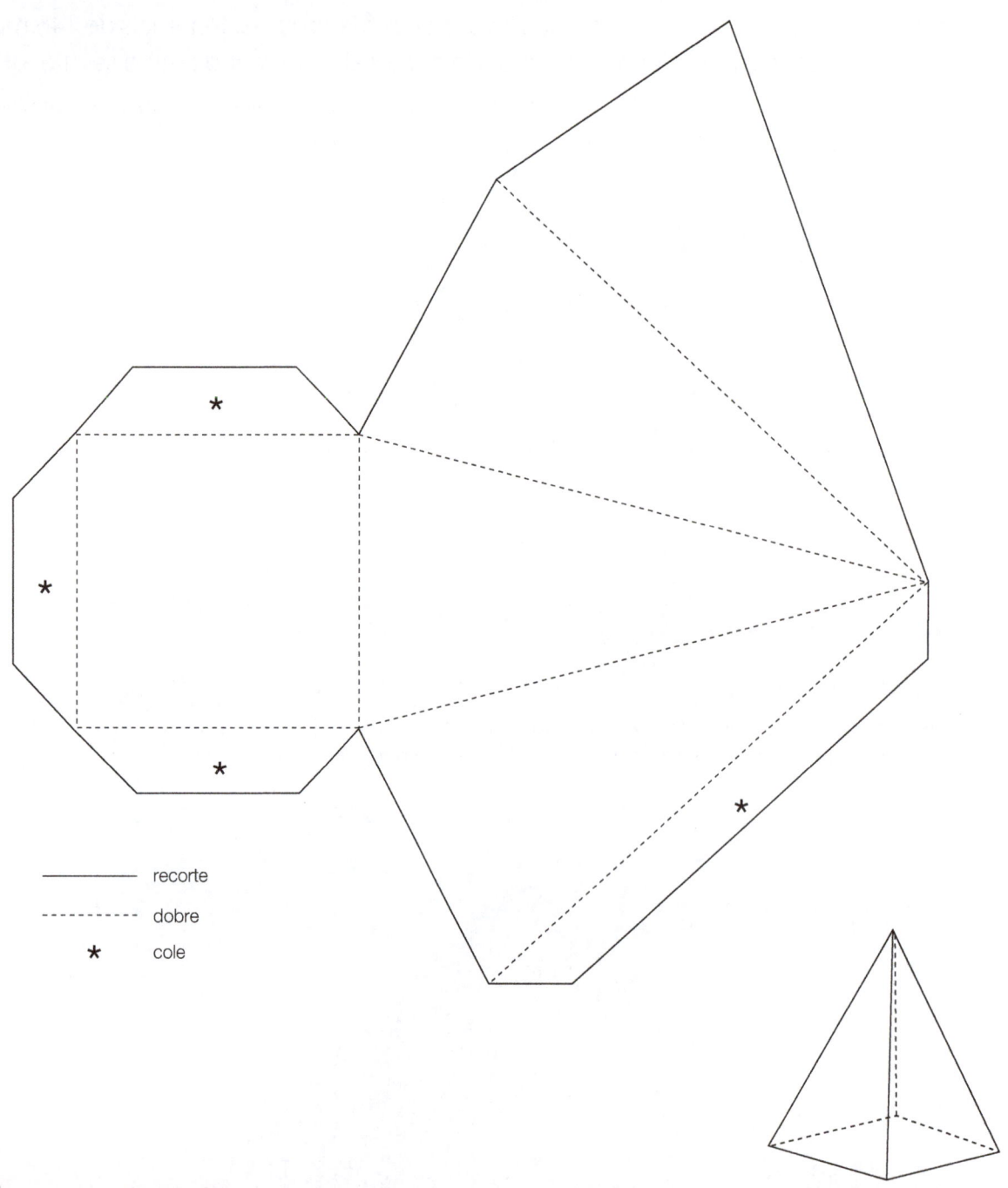

——— recorte
- - - - - dobre
★ cole

Você sabia?

A pirâmide de Quéops é a maior construção com formato de sólido geométrico feito pelo ser humano.

178 DESENHO GEOMÉTRICO • IDEIAS E IMAGENS

5 Platão (cerca de 428 a.C.-347 a.C.), filósofo e matemático grego, foi o primeiro a demonstrar que existem apenas cinco poliedros regulares. Ele estudou esses sólidos tão intensamente que eles ficaram conhecidos como **poliedros de Platão**. Esses poliedros estão representados a seguir.

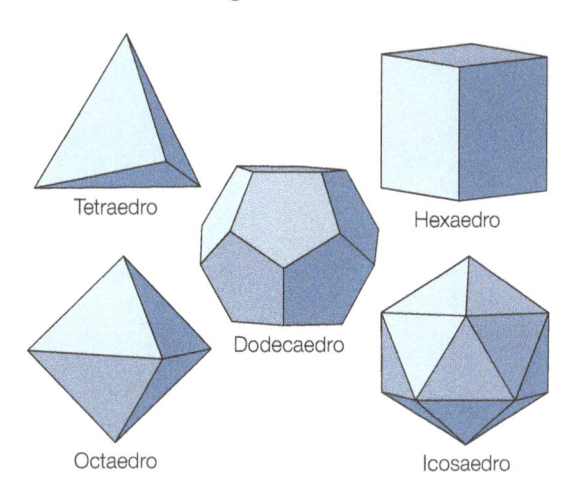

Tetraedro
Hexaedro
Dodecaedro
Octaedro
Icosaedro

Arquimedes de Siracusa (287 a.C.-212 a.C.), matemático, físico, engenheiro astrônomo e inventor grego, estudou um grupo de treze poliedros que ficaram conhecidos como **sólidos de Arquimedes** ou poliedros semirregulares, representados abaixo.

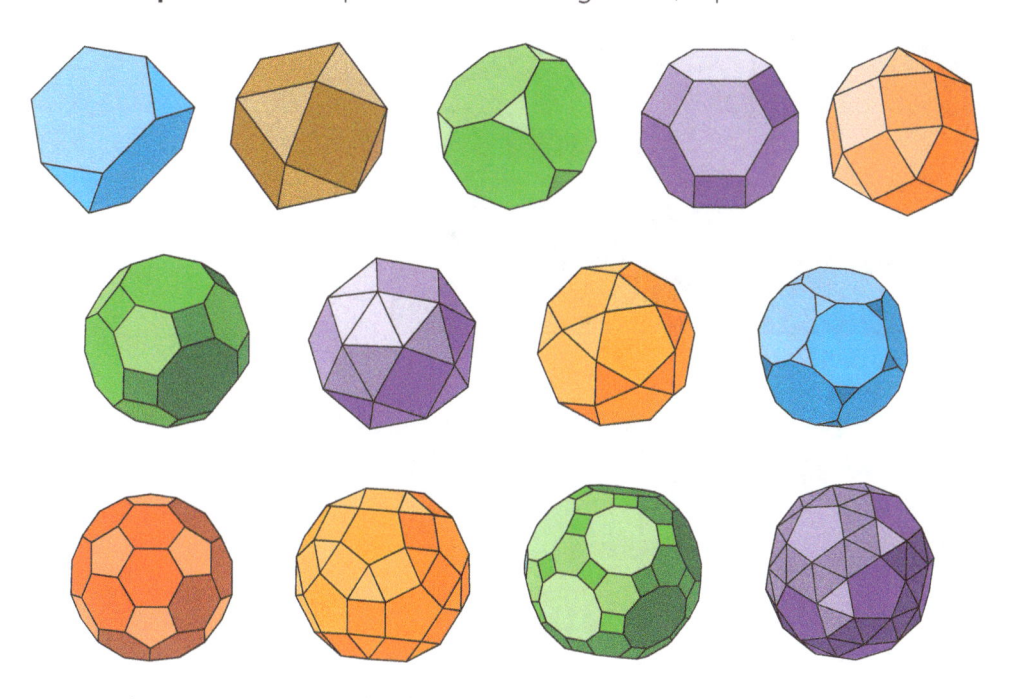

Examine os dois grupos de poliedros apresentados e aponte a característica que diferencia os poliedros de Platão dos sólidos de Arquimedes.

....

....

6 Oscar Niemeyer (1907-2012) é considerado um dos mais proeminentes arquitetos brasileiros e o maior em projeção internacional. Sua obra revela a elegância das figuras geométricas, cuja complexidade resulta de sua mente criativa e da alma poética.

Veja alguns de seus projetos e os associe com as figuras que você estudou neste capítulo.

Estação Cabo Branco, João Pessoa, PB.

Hotel Nacional, Rio de Janeiro, RJ.

Fundação Bienal de São Paulo, SP.

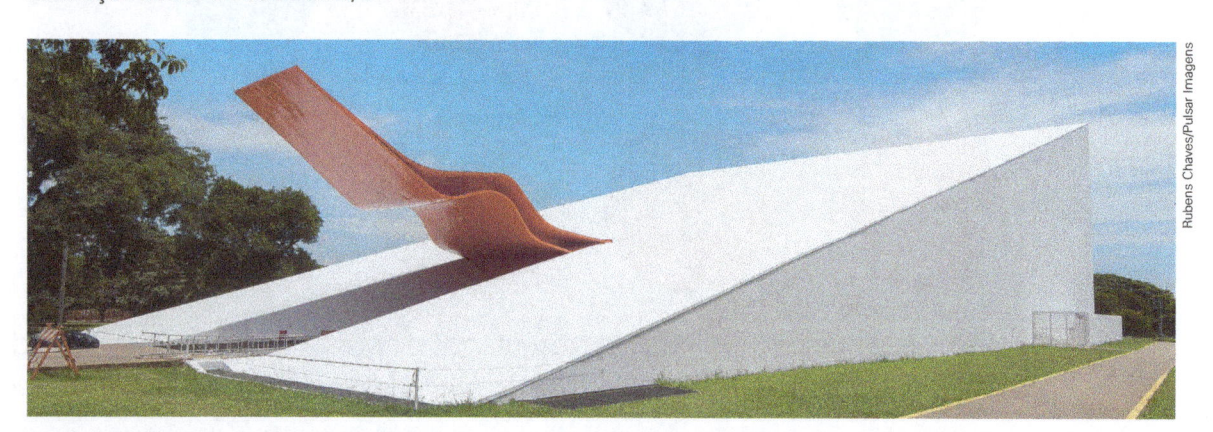

Auditório Ibirapuera, São Paulo, SP.

7 Você pode fazer seu chapéu para uma festa à fantasia utilizando um cone ou um cilindro. Com um cone de papel e uma coroa circular para a aba, você pode fazer um chapéu. Mas, se sua fantasia requer uma cartola, você pode utilizar um cilindro de papel, um círculo para o topo e uma coroa circular para a aba.

Observe os elementos necessários para a produção de cada um desses chapéus, escolha um deles e monte um do seu tamanho utilizando um papel encorpado. Depois, decore-o como preferir.

CAPÍTULO 7

Composição de transformações geométricas

Em muitos lugares do mundo os azulejos são utilizados na arquitetura. Eles recobrem fachadas de vários prédios históricos, entre outros usos. Juntos, esses azulejos podem fazer parte de um padrão geométrico formado a partir de transformações geométricas: reflexões, translações ou rotações.

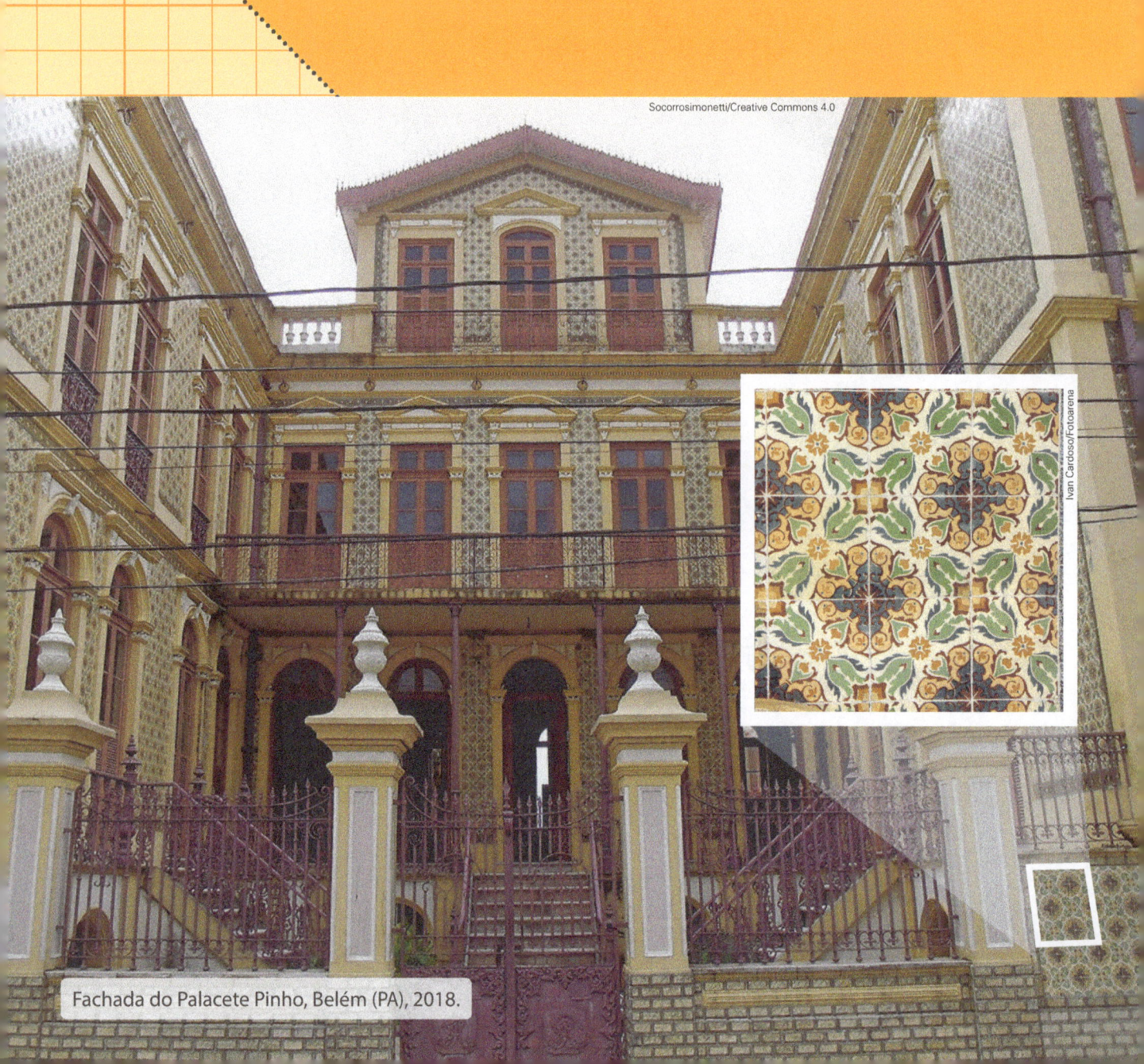

Fachada do Palacete Pinho, Belém (PA), 2018.

Compreendendo ideias

Relembrando alguns conceitos de transformações geométricas

Você já viu que isometria é o grupo de transformações geométricas em que as figuras ocupam um novo lugar no plano, mas mantêm inalterados o formato, as medidas e as propriedades. As relações de distância entre pontos e a amplitude dos ângulos também são preservadas, resultando figuras transformadas congruentes às figuras originais.

Existem três tipos de transformações geométricas, que vamos recordar por meio de obras do artista Maurits Cornelis Escher (1898-1972).

Simetrias

Reflexão (ou **simetria axial**) é a transformação de espelhamento da figura. Isso se dá pelo giro de 180° que a figura faz em torno de um eixo de reflexão. Como resultado, a figura original e o seu reflexo ficam invertidos e em lados opostos do eixo. Na reflexão, cada ponto da figura espelhada corresponde a um ponto da figura original, e os pontos correspondentes são equidistantes do eixo de reflexão.

◆ Observe a imagem ao lado.

Árvores e animais, M. C. Escher, 1953.

Agora, responda:

Onde está localizado o eixo de reflexão se desconsiderarmos algumas pequenas variações na região próxima ao tronco da árvore bege? ....

....

Se desconsiderarmos as pequenas variações próximas ao tronco da árvore bege, os mesmos elementos presentes de um lado do eixo de reflexão estão presentes do outro lado? ....

As formas refletidas são congruentes às formas originais? Por quê? ....

....

É correto afirmar que essa obra apresenta reflexão? ....

CAPÍTULO 7 • COMPOSIÇÃO DE TRANSFORMAÇÕES GEOMÉTRICAS   **183**

Rotação é a transformação em que todos os pontos da figura giram o mesmo valor angular em torno de um ponto fixo, chamado de **centro de rotação** (vértice do ângulo).

◆ Observe a imagem ao lado e responda:

Há centro de rotação na imagem? ....

A amplitude do ângulo de rotação da figura

é sempre a mesma? ....

O sentido da rotação é o mesmo para todos os elementos da figura? ....

Há rotação na obra de arte? ....

Limite circular IV, M. C. Escher, 1960.

Translação é a transformação em que a figura desliza no plano em linha reta, preservando as medidas de lados e ângulos, mantendo a relação de paralelismo.

◆ Veja se os requisitos para configurar a translação estão presentes na imagem abaixo.

Two Birds nº 18, M. C. Escher, 1938.

....

....

....

Composição de transformações geométricas

Quando uma figura é transformada mais de uma vez, dizemos que há uma composição de transformações geométricas. Essas transformações podem ser do mesmo tipo ou de tipos diferentes. Observe o exemplo a seguir.

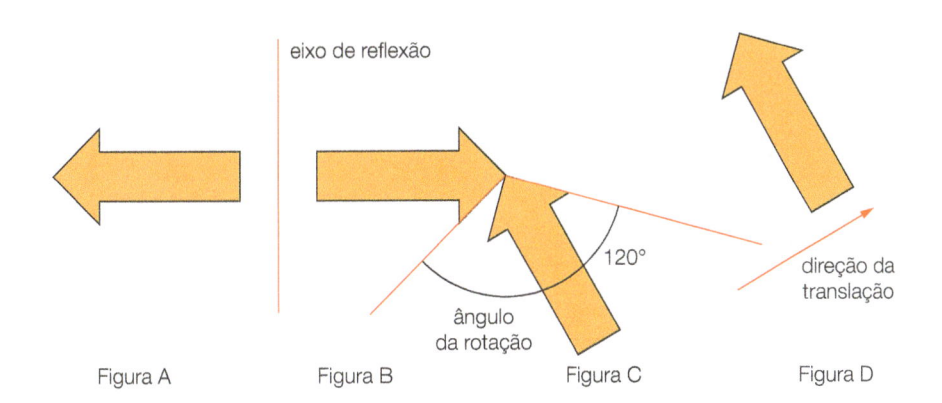

Note que a figura B é obtida pela reflexão da figura A em relação ao eixo de reflexão; a figura C é obtida a partir da rotação de 120° no sentido anti-horário da figura B; a figura D é obtida a partir da translação da figura C na direção indicada.

Veja, agora, outro exemplo. Observe a sequência de figuras abaixo.

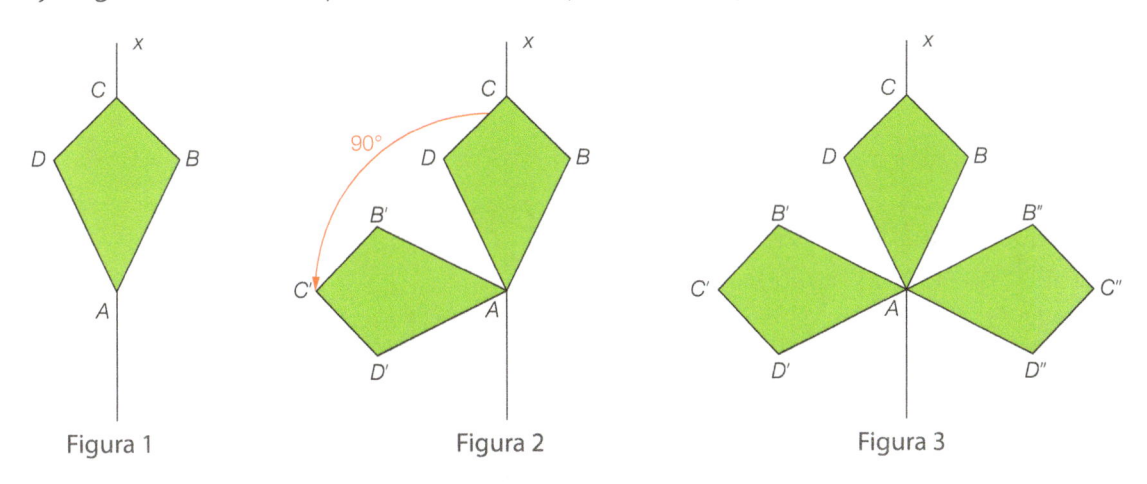

Na figura 1, temos o quadrilátero ABCD, cuja diagonal $\overline{AC}$ está contida no eixo x.

Na figura 2, o quadrilátero AB'C'D', foi obtido por meio de uma rotação em torno do ponto A, de 90° no sentido anti-horário, aplicada ao quadrilátero ABCD.

Na figura 3, o quadrilátero AB'C'D' sofreu uma reflexão em relação ao eixo x, resultando no quadrilátero AB"C"D".

♦ Considerando a figura 3, composta dos três quadriláteros, descreva como obter essa figura realizando transformações diferentes das descritas no exemplo acima.

Construindo imagens

Construção de um hexágono regular pela transformação de um triângulo

- **Dado:** medida do lado do triângulo equilátero ABO, m($\overline{AB}$) = 3 cm
- **Construir:** hexágono regular ABCDEF

Passos da construção:

1º) Construa com o auxílio de uma régua e de um transferidor um triângulo equilátero com lados de medida 3 cm.

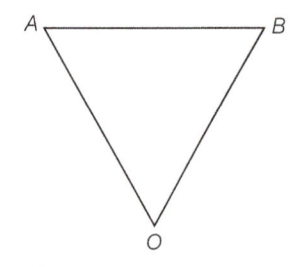

2º) Aplique ao triângulo ABO uma rotação de 60°, no sentido horário, em torno do ponto O.

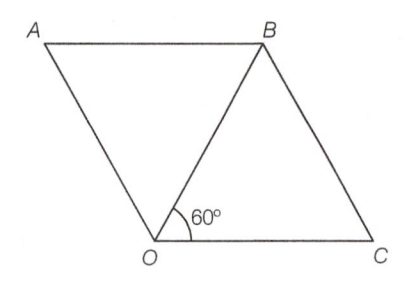

3º) Aplique ao triângulo ABO rotações de 120°, 180°, 240° e 300°, no sentido horário, em torno do ponto O até que um dos lados do último triângulo coincida com o lado AO.

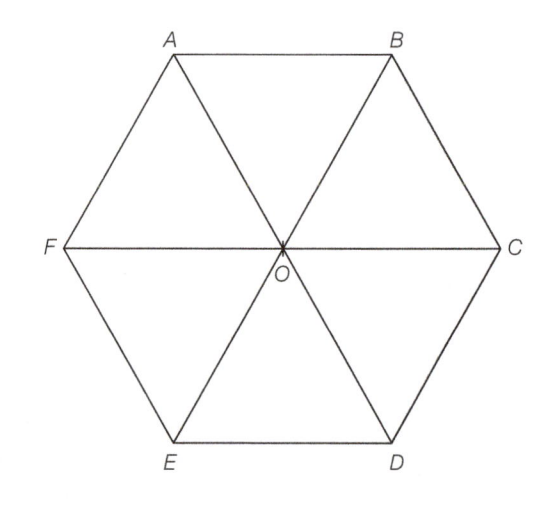

Para você construir:

186 DESENHO GEOMÉTRICO • IDEIAS E IMAGENS

Usando tecnologia

Construção de um polígono estrelado

Nesta seção, você vai construir um polígono estrelado utilizando o *software* de geometria dinâmica GeoGebra, que pode ser encontrado no endereço <https://www.geogebra.org/>. Para construir o polígono estrelado, construa primeiro um hexágono regular por rotação e, em seguida, o polígono estrelado. É importante lembrar que, ao construir um hexágono por rotação, deve-se rotacioná-lo por um vértice, com um ângulo de 60°.

Passos da construção:

1º) Construa, no *software*, um triângulo regular (equilátero), utilizando a ferramenta .

Para isso, clique na ferramenta, em dois pontos quaisquer da tela para formar um dos lados do triângulo e indique o número 3, ou seja, a quantidade de lados do polígono regular que você quer traçar. Para rotacionar esse triângulo em torno de um ponto, com um ângulo de 60°, selecione a ferramenta , clique no centro de rotação, por exemplo, o vértice C, em seguida, dentro do polígono e digite 60° na caixa de texto, indicando o ângulo de rotação.

Repita esse procedimento outras 4 vezes, até formar o hexágono regular.

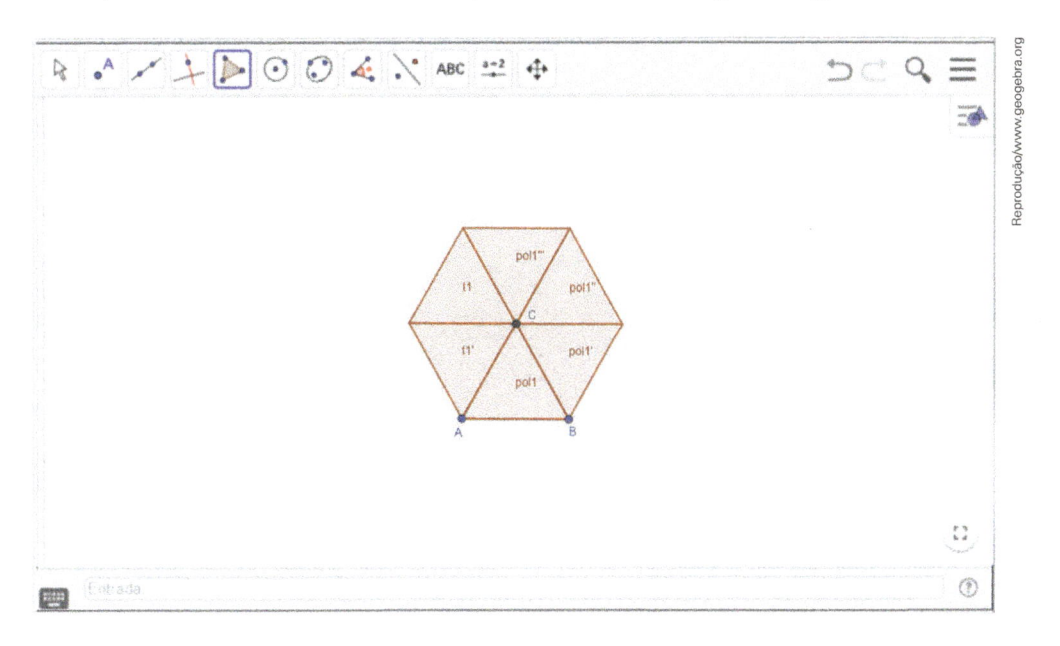

2º) Com a ferramenta , trace uma reta que passe por $\overline{AB}$, clicando em A e, em seguida, em B.

Repita esse procedimento para todos os pares de vértices consecutivos do hexágono construído no 1º passo.

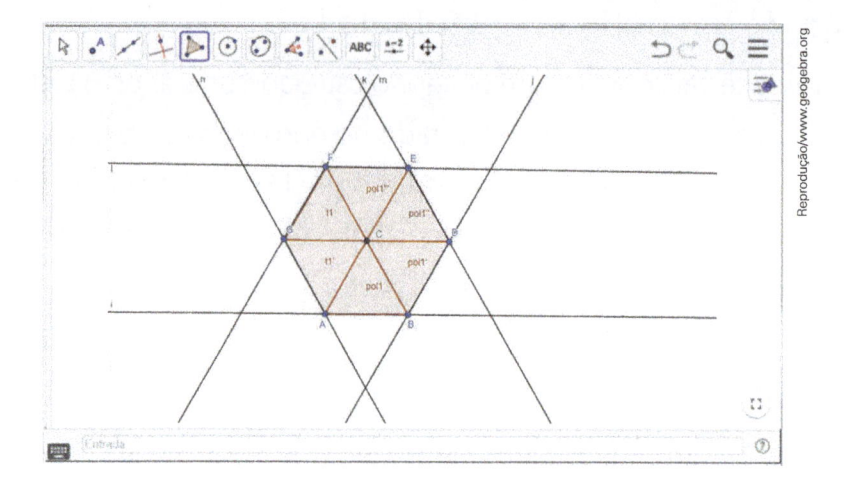

3º) Com a ferramenta [✕], selecione as retas $\overline{AB}$ e $\overline{DE}$, obtendo o ponto *H*. Em seguida, selecione as retas $\overline{BD}$ e $\overline{EF}$, obtendo o ponto *I*. Faça o mesmo para os pares de retas $\overline{DE}$ e $\overline{FG}$, obtendo o ponto *J*; $\overline{EF}$ e $\overline{AG}$, obtendo o ponto *K*; $\overline{FG}$ e $\overline{AB}$, obtendo o ponto *L*; e, por último, os pares de retas $\overline{AG}$ e $\overline{DB}$, obtendo o ponto *M*.

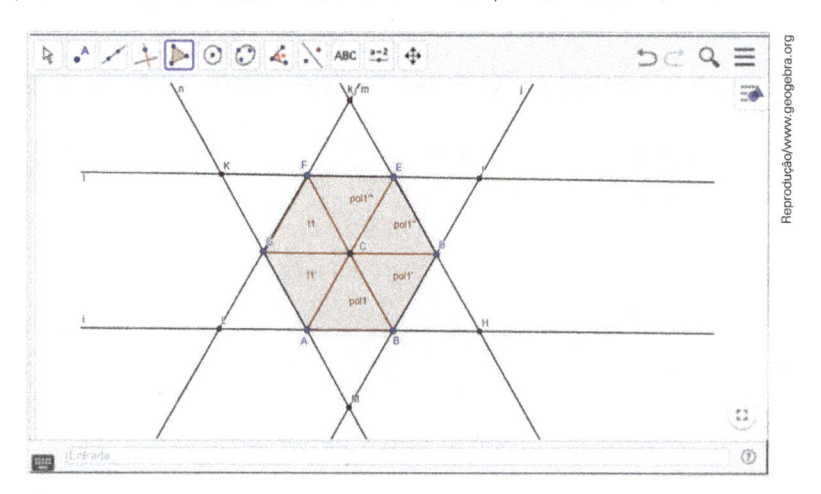

4º) Utilizando a ferramenta [▷], trace o polígono *AMBHDIEFKGL* clicando em cada um dos pontos e, por último, no ponto *A* novamente, para fechar o polígono. Com a ferramenta [●], esconda as construções auxiliares feitas nos passos anteriores, deixando apenas o polígono.

Para você construir:

Construa, em um *software* de geometria dinâmica, o polígono estrelado, conhecido como pentagrama, a partir de um pentágono regular, seguindo os passos indicados nesta seção.

188 DESENHO GEOMÉTRICO • IDEIAS E IMAGENS

Construindo imagens

Construção de um polígono A"B"C"D"E" resultante de dupla transformação: translação do polígono ABCDE e reflexão do polígono A'B'C'D'E' em relação ao eixo x

• **Dados:** polígono ABCDE, direção e eixo x   • **Construir:** translação e reflexão

Passos da construção:

1º) Trace pelos vértices do polígono semirretas paralelas à seta que indica a direção do deslocamento. Em seguida, marque uma medida y nas semirretas a partir de cada vértice, identificando os pontos correspondentes.

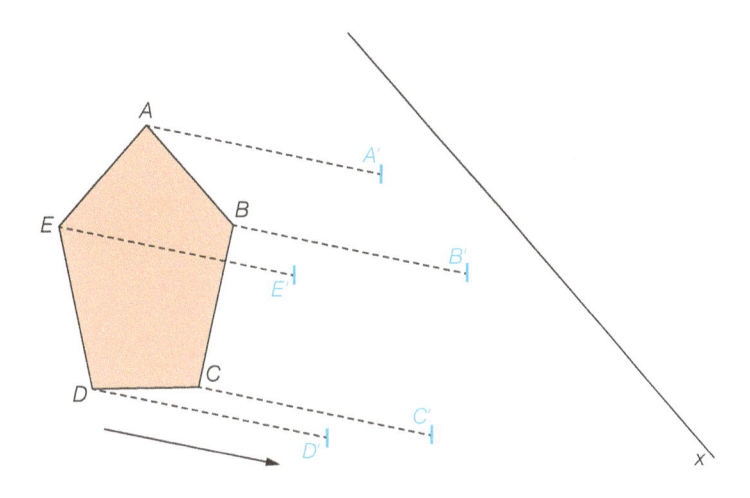

2º) Ligue os pontos, desenhando o polígono A'B'C'D'E'.

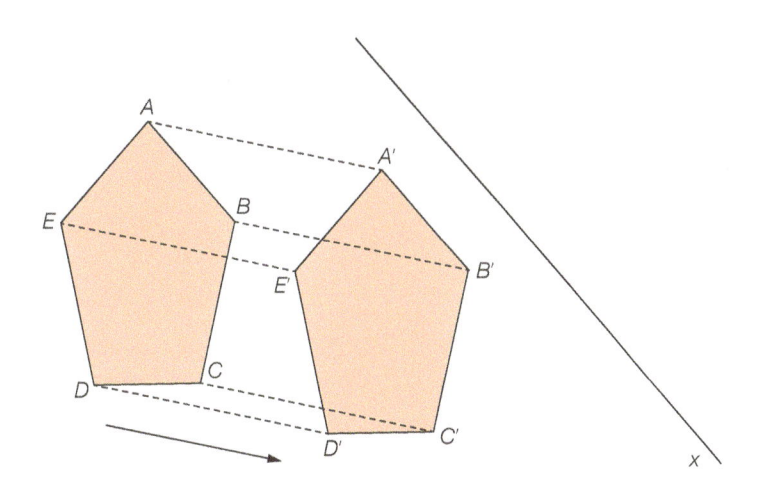

CAPÍTULO 7 • COMPOSIÇÃO DE TRANSFORMAÇÕES GEOMÉTRICAS

3º) Trace semirretas perpendiculares ao eixo *x* passando pelos vértices do polígono A'B'C'D'E'.

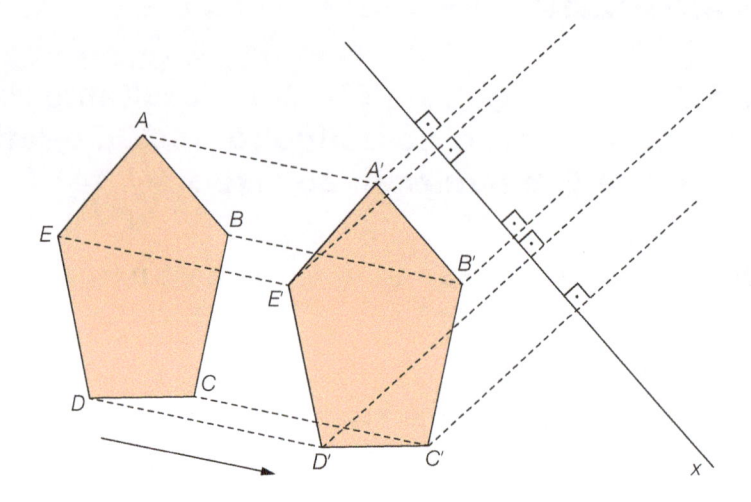

4º) Marque as distâncias dos vértices até o eixo *x*, determinando os pontos A"B"C"D"E". Ligue os pontos, desenhando o novo polígono.

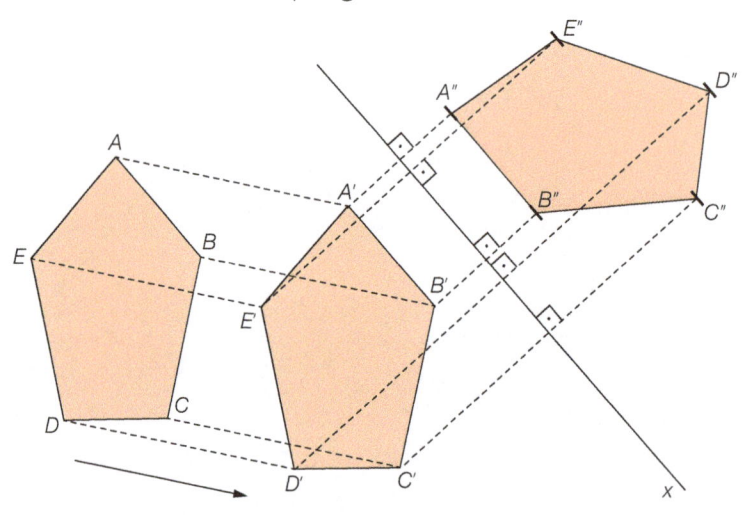

Para você construir:

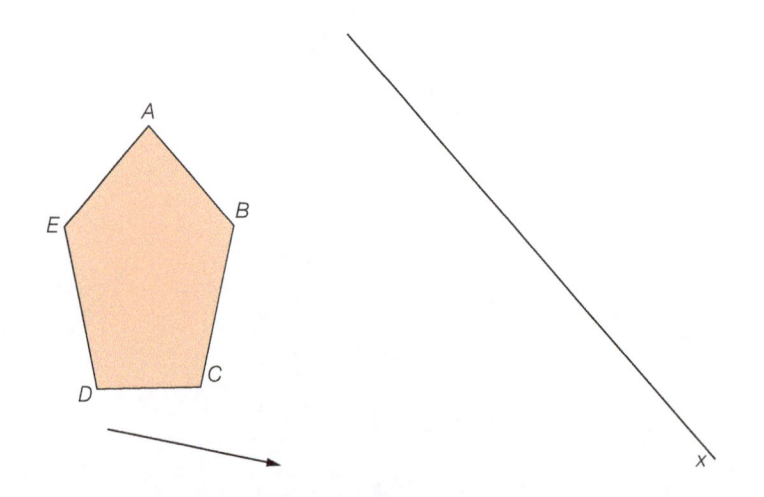

Você em ação

1 Defina a transformação do triângulo *BOA* que gera o triângulo *ABC*.

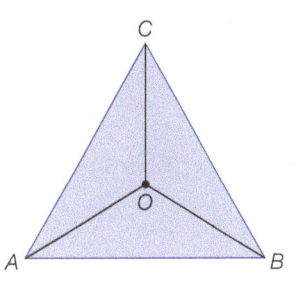

....

....

2 Defina a transformação do triângulo *MQN* que gera o quadrado *NMQP*.

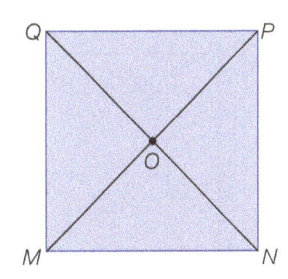

....

....

3 Na figura está representado um octógono cuja interseção das diagonais é o ponto *O*.

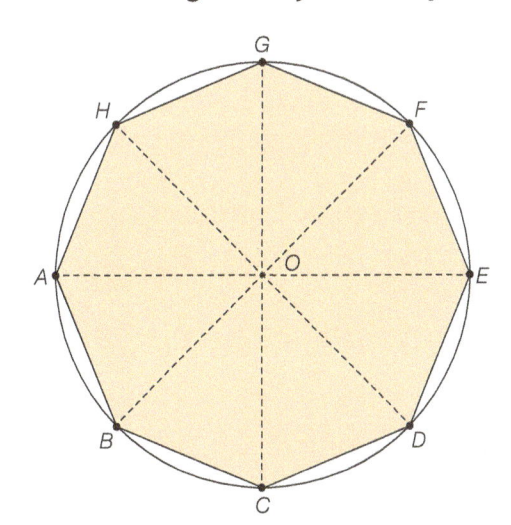

a) Indique a posição do ponto *E* em uma rotação de 135°, no sentido horário, em torno do ponto *O*. ....

b) Indique a posição do ponto *H* em uma rotação de 215°, no sentido anti-horário, em torno do ponto *O*. ....

c) Indique a posição do segmento de reta *BC* após uma reflexão em relação ao eixo *HD*.
....

d) Em uma rotação de 180°, em torno do ponto *O*, como fica o $\triangle EOF$? ....

CAPÍTULO 7 • COMPOSIÇÃO DE TRANSFORMAÇÕES GEOMÉTRICAS

4 Indique quantas e quais transformações geométricas devem ser realizadas para construir cada uma das figuras a seguir.

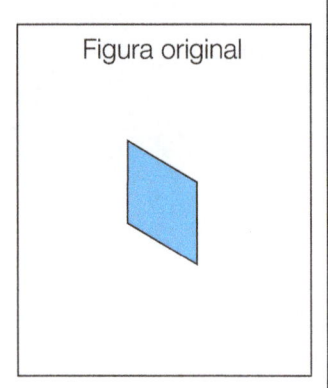

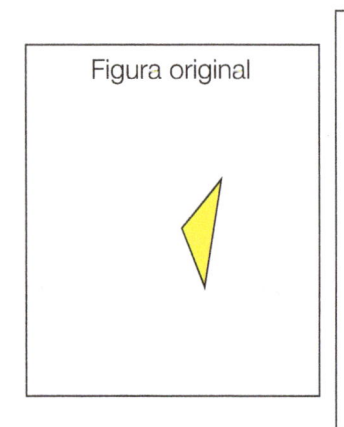

Figura original	Tipo de transformação / Movimento realizado	Figura obtida 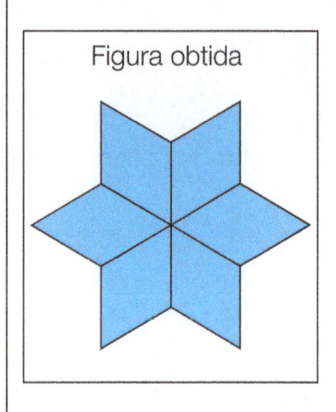

Figura original	Tipo de transformação / Movimento realizado	Figura obtida

5 Em cada item, identifique os tipos de transformação geométrica presentes na imagem.

a) 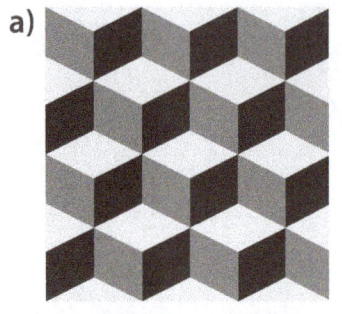 ....

b) 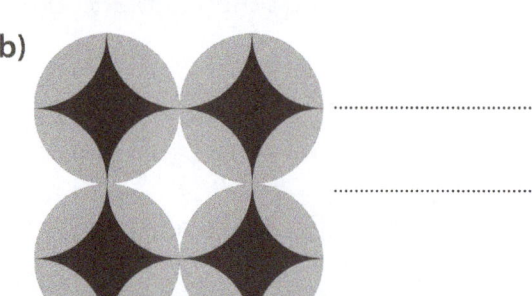 ....

c) 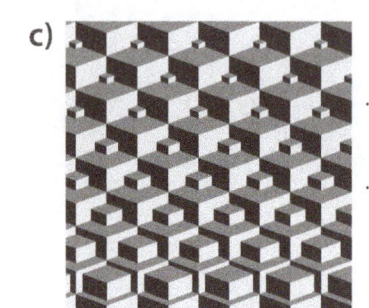 ....

d) ....

192 DESENHO GEOMÉTRICO • IDEIAS E IMAGENS

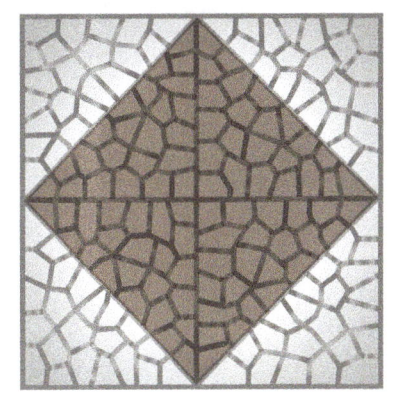

6 Um arquiteto escolheu algumas peças de cerâmica para fazer um ladrilhamento. Ele estava estudando os possíveis desenhos e identificou três opções para dispor 4 ladrilhos.

a) Que tipo de transformação geométrica ele terá que realizar para obter cada um desses desenhos? ....

....

b) Existe outra alternativa de disposição dos ladrilhos? Desenhe-a aqui.

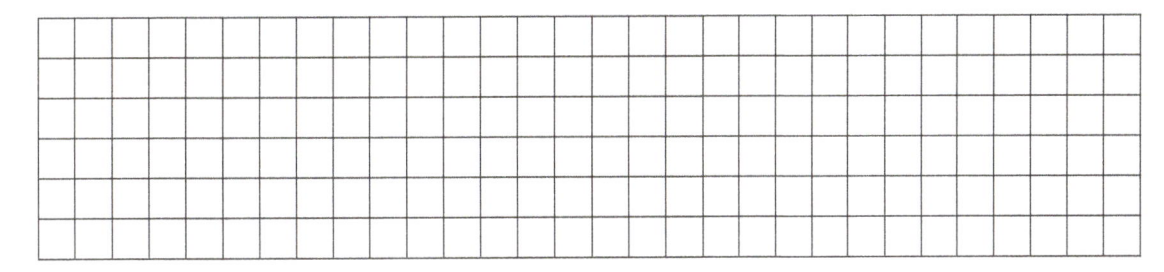

7 Complete o desenho, sabendo que as retas *r* e *s* são os eixos de simetria.

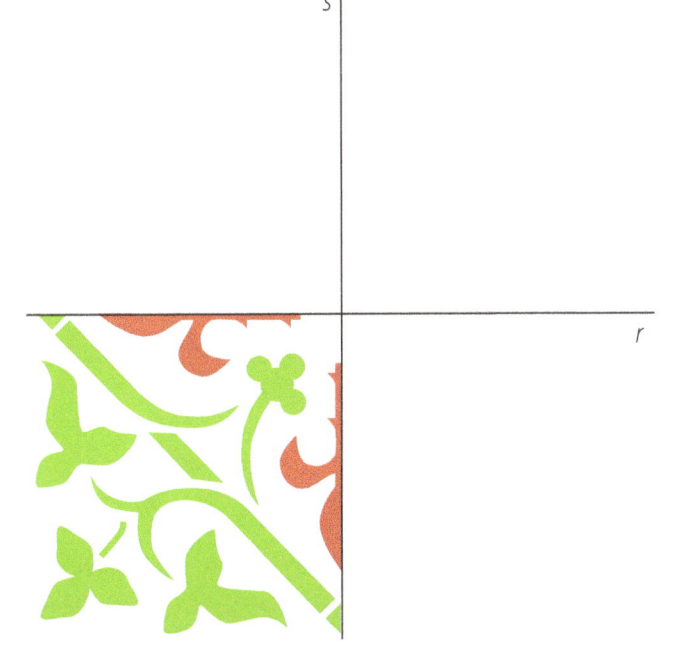

8 Primeiro, faça uma reflexão da letra F em relação ao eixo x. Em seguida, faça a rotação da figura resultante em relação ao ponto O.

Olhando ao redor

1 Presentes em fachadas, contando histórias em painéis, revestindo estações, palácios, fontes e monumentos, os azulejos tradicionais de Portugal constituem um patrimônio da humanidade. Sua riqueza estética os torna um dos maiores tesouros da Europa. Faça uma pesquisa na internet e encontre um modelo típico. Monte um painel no computador organizando os azulejos segundo um tipo de isometria. Em seguida, imprima o painel.

Fachada de casa revestida com azulejos, em Lisboa, Portugal.

De olho na mídia

Simone Biles: a perfeição que não cabe num 10

Com técnica e força física, a americana Simone Biles muda o curso do esporte e leva as acrobacias a um grau inédito de dificuldade.

Disponível em: <https://epoca.globo.com/esporte/olimpiadas/noticia/2016/08/simone-biles-perfeicao-que-nao-cabe-num-10-948.html>. Acesso em: 28 mar. 2019.

2. Os saltos mortais e giros da atleta Simone são muitos rápidos e integram um vasto repertório de movimentos. O salto batizado com seu sobrenome, *The Biles*, consiste em um duplo mortal estendido para trás com uma meia volta antes do pouso. Simone é a única ginasta capaz de executá-lo.

Que tipo de transformação geométrica você identifica na imagem acima?

....

....

3. As hélices são importantes peças utilizadas em aviões. Elas são construídas com pás que têm entre si ângulos congruentes e que giram em torno de um eixo central, fazendo sempre movimento de rotação.

CAPÍTULO 7 • COMPOSIÇÃO DE TRANSFORMAÇÕES GEOMÉTRICAS

Sem medir, indique em cada item a medida do ângulo formado entre as pás da hélice.

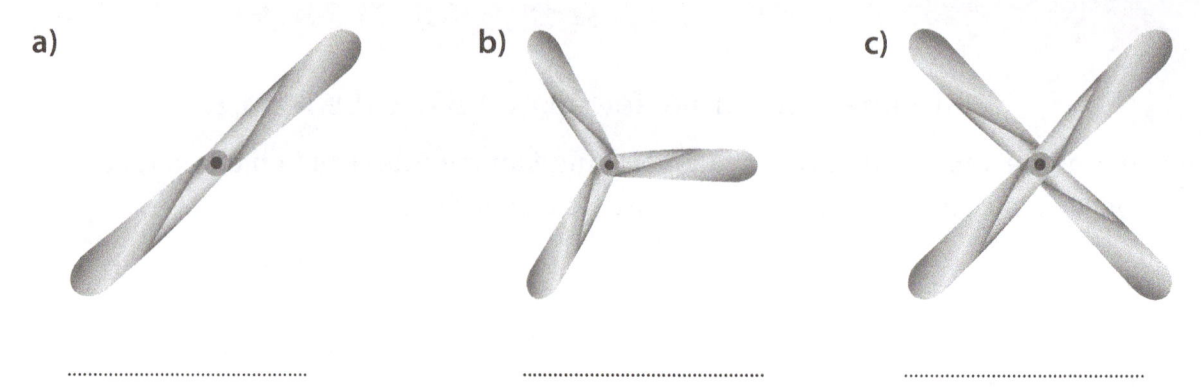

a) b) c)

....

O modelo de hélice mais usado é o de duas pás. Complete o desenho da hélice, sabendo que as duas pás são simétricas em relação ao centro O.

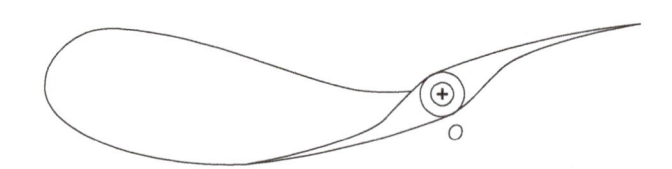

4 Os padrões geométricos presentes nas calçadas de Lisboa, em Portugal, especialmente o da calçada do Museu da Marinha, foram compostos de dois tipos de transformação geométrica: reflexão e translação.

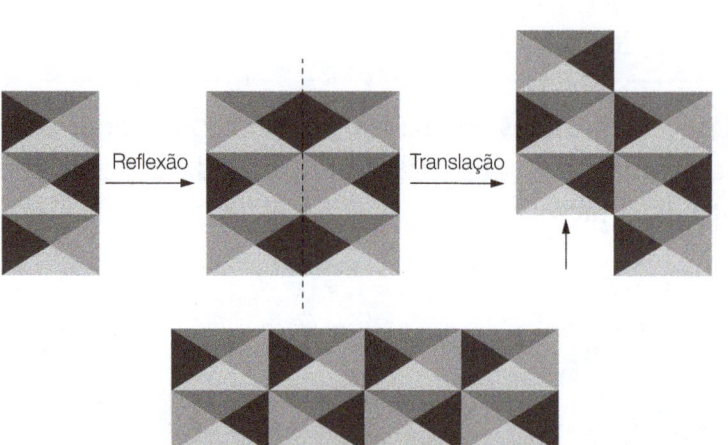

Reflexão → Translação →

Padrão final

Museu da Marinha, Lisboa, Portugal.

Crie uma peça, submeta-a a duas transformações (reflexão e translação) e desenhe o projeto de um painel, indicando a possível aplicação prática.

5. A valsa é um gênero musical clássico e também um estilo de dança. Ela surgiu na Áustria e na Alemanha no início do século XIX e até hoje é dançada em festas de 15 anos, casamentos, formaturas, etc. A palavra *valsa* tem origem na palavra alemã *Waltzen*, que quer dizer "dar voltas", e isso significa, geometricamente falando, fazer rotações. Os passos da valsa podem ser descritos como: um, dois, três, gira no sentido horário. Para que o par realize movimentos sincronizados, os giros do homem são para a direita e os da mulher para a esquerda. Nos giros, as pernas desenham um semicírculo (rotação de 180°) e, quando não estão girando, dançam de lado (movimento de translação).

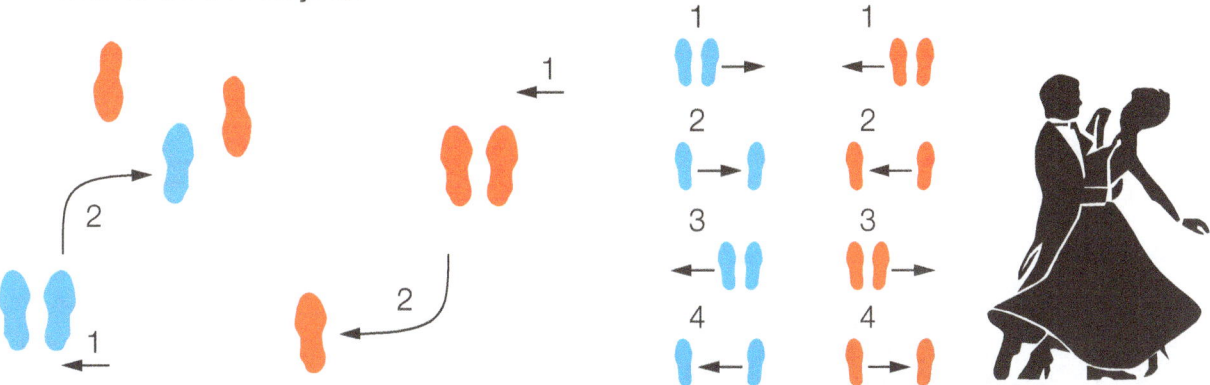

Você percebe que as transformações geométricas estão presentes em diversos movimentos? Tente executar os passos (há vários vídeos em que se pode ver a execução) e sentir em seu próprio corpo os movimentos de translação e rotação. Experimente!

6. A palavra *mandala* vem do sânscrito, língua clássica da Índia, e significa "círculo". A energia do círculo está presente em todas as mandalas, pois é ele que cria o campo de vibração e simboliza o espaço sagrado, preenchido com várias imagens simbólicas, resultando em uma representação gráfica da relação dinâmica entre o homem e o Universo.

As transformações geométricas são constantes nas mandalas. Identifique-as nos exemplos.

Pesquise na internet outras imagens de mandalas e seus significados. Em seguida, crie uma mandala com elementos que tenham significado para você.

CAPÍTULO 8

Construções fundamentais em Desenho Geométrico

Este capítulo apresenta um resumo das construções fundamentais do Desenho Geométrico.

Edifício de emissora de televisão em Tóquio, Japão.

Revendo ideias

Construções fundamentais

1. Perpendicular a uma reta por um de seus pontos

1º) Com centro em P e raio qualquer, trace um arco que determine A e B na reta r.

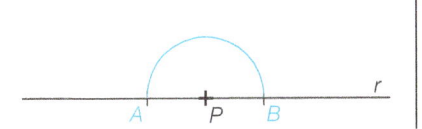

2º) Com raio maior que d(A,P), trace arcos com centros em A e B, obtendo o ponto C na sua interseção.

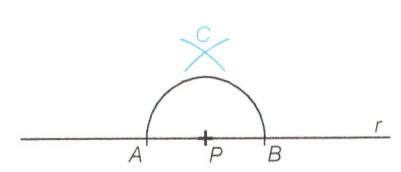

3º) Trace $\overleftrightarrow{CP} = s, s \perp r$.

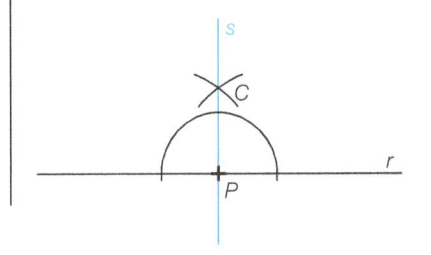

2. Perpendicular a uma reta por um ponto que não pertence a ela

1º) Com centro em P e raio maior que d(P, r), trace um arco que intersecte a reta r em A e B.

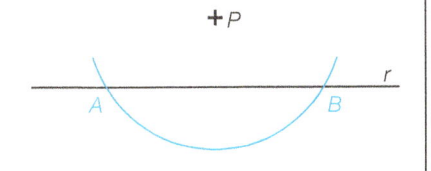

2º) Com raio maior que a metade de d(A, B), trace arcos com centros em A e B, obtendo C.

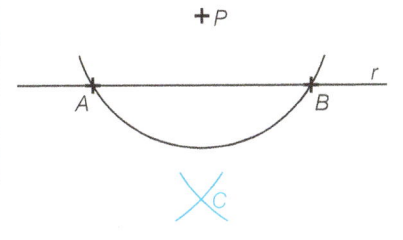

3º) Trace $\overleftrightarrow{CP} = s, s \perp r$.

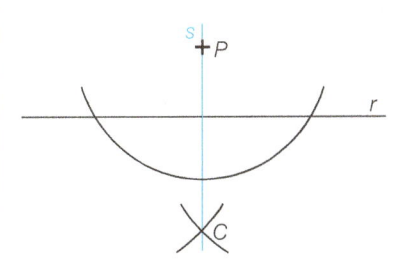

3. Perpendicular pela extremidade de um segmento

1º) Com centro em A e raio qualquer, trace um arco que determine B em r.

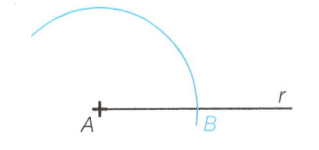

2º) Com o mesmo raio, determine C e D com centros em B e C, respectivamente.

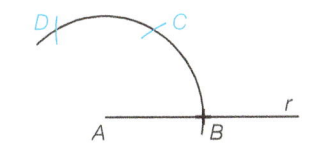

3º) Obtenha E, traçando arcos de centros em C e D. Trace $\overleftrightarrow{EA} = s, s \perp r$.

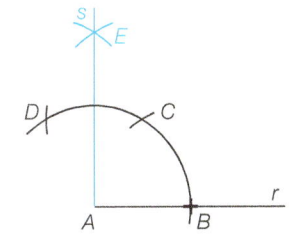

4. Traçado de perpendiculares com o par de esquadros

1º) Coloque o esquadro de 45° na posição indicada na figura.

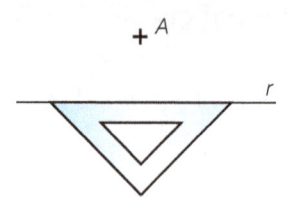

2º) Utilize o outro esquadro como apoio, mantendo-o fixo.

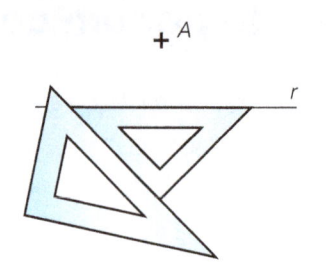

3º) Mova o esquadro de 45° conforme mostra a figura e trace a reta s perpendicular à reta r.

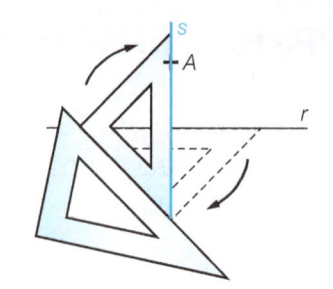

5. Mediatriz e ponto médio de um segmento de reta

1º) Com centros em A e em B e raio de mesma medida (maior que a metade da medida de $\overline{AB}$), trace quatro arcos, obtendo C e D.

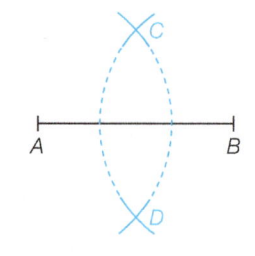

2º) Trace $\overline{CD} = m$. A reta m é mediatriz de $\overline{AB}$.

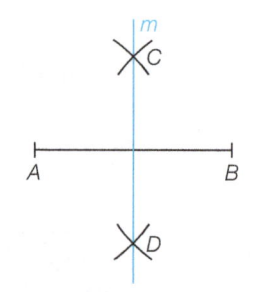

3º) O ponto M, interseção do segmento com sua mediatriz, é o ponto médio do segmento.

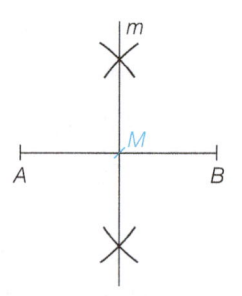

6. Distância de ponto a ponto

$d(A, B) = m(\overline{AB})$
$\overline{AB}$ é segmento de reta.

7. Equidistância entre pontos (*equi* significa "igual")

$d(M, N) = d(N, O) \Rightarrow \overline{MN} \cong \overline{NO}$
M e O são equidistantes do ponto N.
N é equidistante dos pontos M e O.

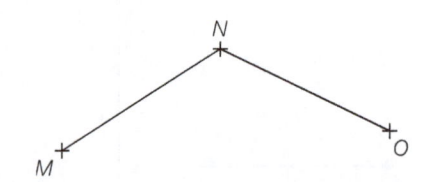

8. Distância de ponto a reta

$d(P, r) = m(\overline{PA})$
$A \in r$ e $\overline{PA}$ é perpendicular a r.

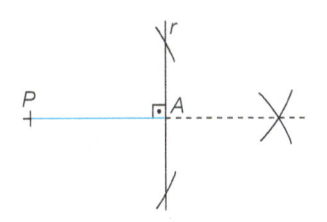

9. Equidistância de ponto a duas retas

$d(P, r) = m(\overline{PA}), A \in r, \overline{PA} \perp r$
$d(P, s) = m(\overline{PB}), B \in s, \overline{PB} \perp s$
$m(\overline{PA}) = m(\overline{PB}) \Rightarrow \overline{PA} \cong \overline{PB}$
P é equidistante das retas r e s.

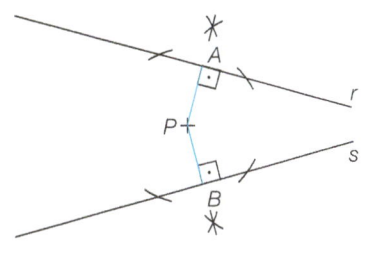

10. Distância entre retas paralelas

$d(r, s) = m(\overline{PA}), P \in s$ e $A \in r$
$\overline{PA} \perp r$ e $\overline{PA} \perp s$

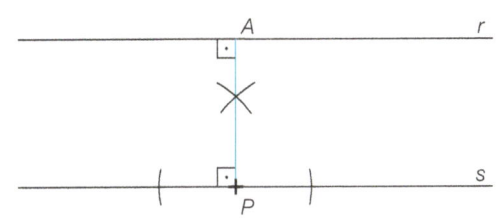

11. Paralela a uma reta por um ponto dado

1º) Com centro em P e raio maior que $d(P, r)$, trace um arco que determine A em r.

2º) Com centro em A e mesmo raio, trace o arco que passa por P e intersecta a reta r em B.

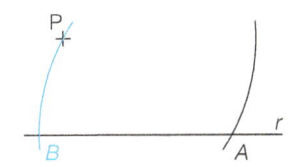

3º) Marque no arco a medida de $\overline{BP}$ a partir de A e obtenha C.

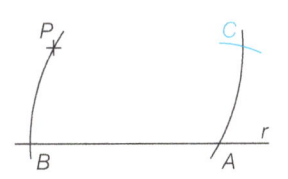

4º) Trace $\overleftrightarrow{PC} = s, s \parallel r$.

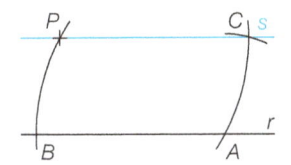

12. Paralela a uma reta com distância dada

1º) Escolha dois pontos quaisquer da reta r (A e B) e trace por eles retas perpendiculares a r.

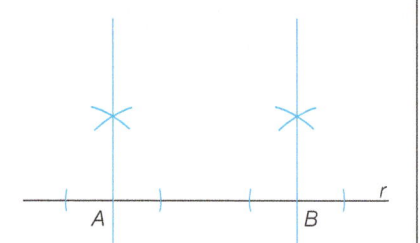

2º) Marque nas perpendiculares, sempre a partir da reta r (pontos A e B), os pontos A' e B' com a distância d dada.

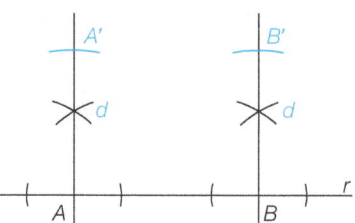

3º) Trace $\overleftrightarrow{A'B'} = s$, $s \parallel r$.

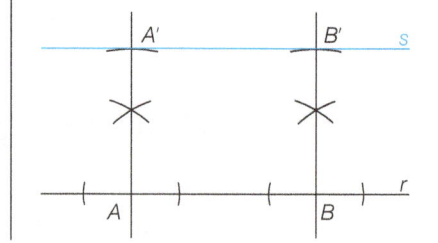

13. Traçado de paralelas com o par de esquadros

1º) Coloque o esquadro de 45° na posição indicada na figura.

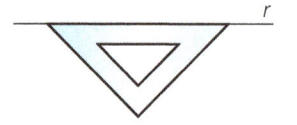

2º) Utilize o outro esquadro como apoio, mantendo-o fixo.

3º) Deslize o esquadro de 45° conforme mostra a figura e trace a reta s paralela à reta r.

14. Transporte de ângulo

1º) Trace o arco AB de centro em V, com raio qualquer.

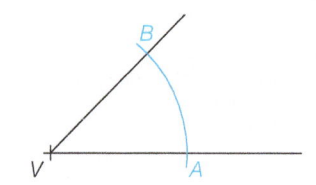

2º) Com o mesmo raio, trace um arco de centro em V' dado, determinando A' em r.

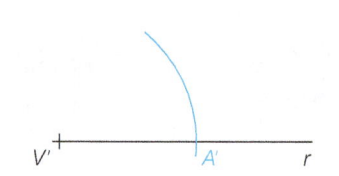

3º) Com raio AB, determine B' com centro em A'. Trace $\overrightarrow{V'B'}$, obtendo o ângulo $A'\hat{V}'B'$ congruente ao ângulo $A\hat{V}B$.

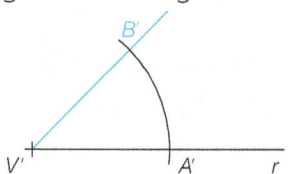

15. Bissetriz de um ângulo

1º) Com raio qualquer, trace o arco de centro em V.

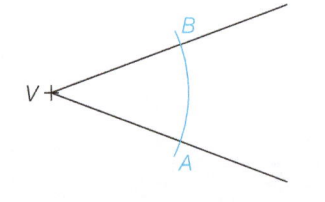

2º) Trace dois arcos de centros em A e B, com raios de mesma medida (maior que a metade de $\overparen{AB}$), obtendo C.

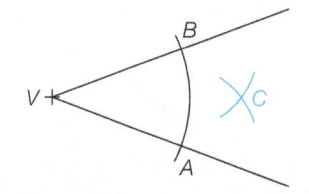

3º) Trace $\overrightarrow{VC}$, bissetriz do ângulo dado.

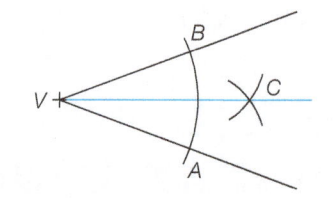

16. Complemento e suplemento de um ângulo

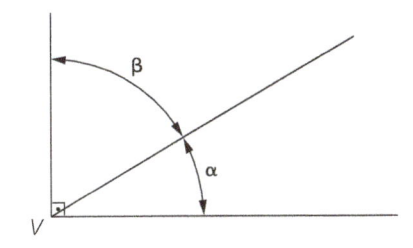

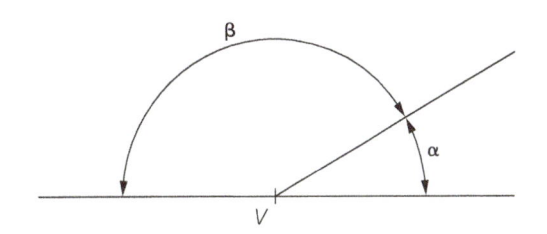

β é complemento de α, pois β = 90° − α.
α é complemento de β, pois α = 90° − β.

β é suplemento de α, pois β = 180° − α.
α é suplemento de β, pois α = 180° − β.

17. Adição de ângulos

São dados os ângulos α e β.

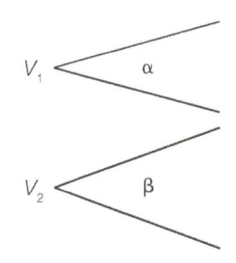

1º) Com raios de mesma medida, trace arcos de centros em V_1 e V_2, determinando A e B no ângulo α e C e D no ângulo β.

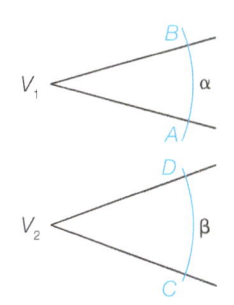

2º) Trace uma reta suporte r e nela marque um ponto V_3. Com centro em V_3, trace um arco com o mesmo raio usado para construir os arcos $\overset{\frown}{AB}$ e $\overset{\frown}{CD}$, obtendo A' em r.

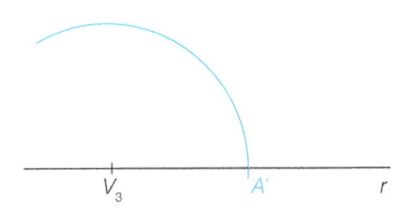

3º) Transporte α (centro em A', raio AB), determinando B'.

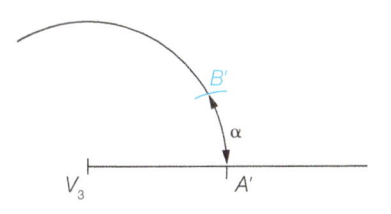

4º) Transporte β após α (centro em B', raio CD), determinando D'.

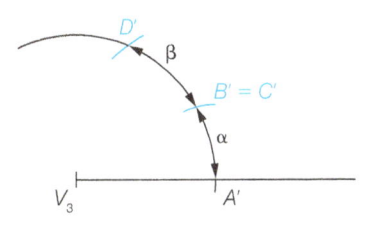

5º) Trace $\overrightarrow{VD'}$.
m$(A'\hat{V}_3 D')$ = m(α) + m(β)

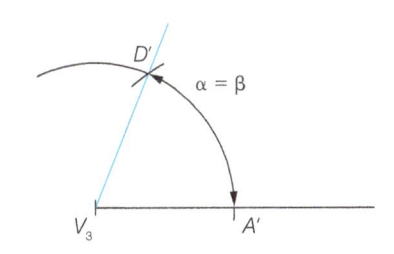

CAPÍTULO 8 • CONSTRUÇÕES FUNDAMENTAIS EM DESENHO GEOMÉTRICO

18. Subtração de ângulos

São dados os ângulos α e β.

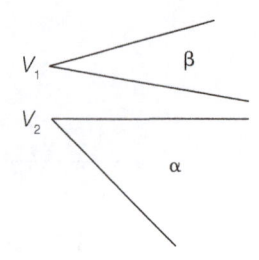

1º) Com raios de mesma medida, trace arcos de centros em V_1 e V_2, determinando A e B no ângulo α e C e D no ângulo β.

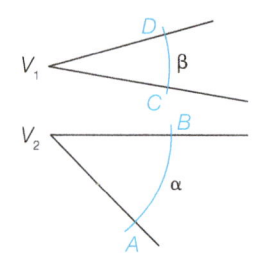

2º) Trace r e marque um ponto V_3. Obtenha A' em r traçando o arco de centro em V_3 e raio V_2A.

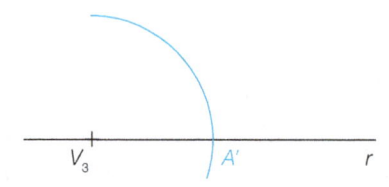

3º) Transporte o maior dos ângulos (centro em A', raio AB), determinando B'.

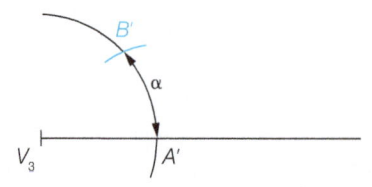

4º) Transporte o ângulo menor no sentido contrário ao anterior (centro em B', raio CD), obtendo D'.

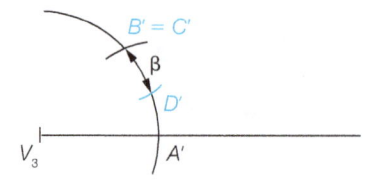

5º) Trace $\overrightarrow{V_3D'}$.

$$m(A'\hat{V}_3D') = m(\alpha) - m(\beta)$$

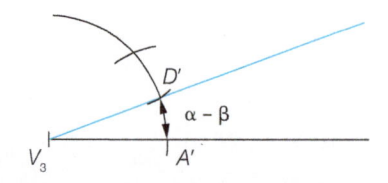

204 DESENHO GEOMÉTRICO • IDEIAS E IMAGENS

19. Construção de ângulos com régua e compasso

Ângulo de medida 60°

Determine A com arco de centro em V e raio qualquer.
Com centro em A e raio VA, obtenha B. Trace $\vec{VB}$.
$$m(A\hat{V}B) = 60°$$

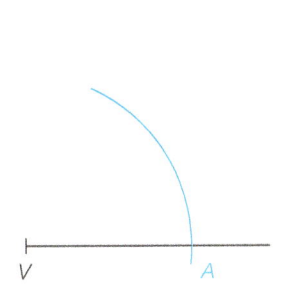

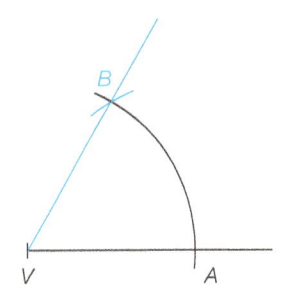

Ângulo de medida 30°

Construa um ângulo $A\hat{V}B$ de medida 60° e trace sua bissetriz $\vec{VC}$.
$$m(A\hat{V}C) = 30°$$

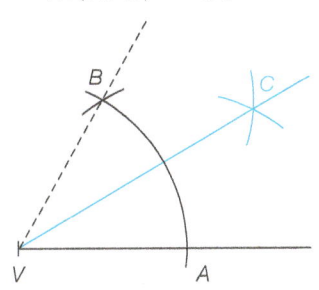

Ângulo de medida 15°

Construa um ângulo $A\hat{V}C$ de medida 30° e trace sua bissetriz $\vec{VD}$.
$$m(A\hat{V}D) = 15°$$

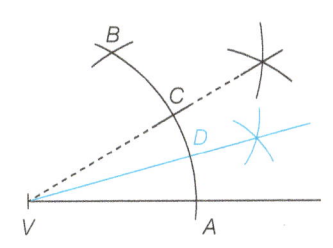

Ângulo de medida 90°

Com centro em V e raio qualquer, trace um arco, determinando A e B. Determine C, interseção dos arcos de centros em A e B, com raio maior que d(A, V).
$$m(A\hat{V}C) = m(B\hat{V}C) = 90°$$

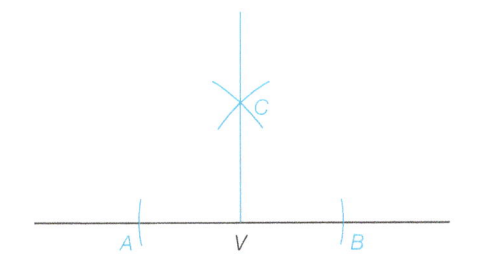

Ângulo de medida 45°

Construa um ângulo $B\hat{V}C$ de medida 90° e trace sua bissetriz.
$$m(B\hat{V}D) = 45°$$

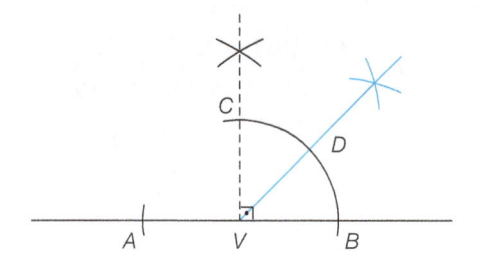

Ângulo de medida 75°

Construa um ângulo $A\hat{V}B$ de medida 90° e, consecutivo a ele, um ângulo $A\hat{V}C$ de medida 60°. Trace a bissetriz de $B\hat{V}C$ (30°), determinando D.
$$m(A\hat{V}D) = 75°$$

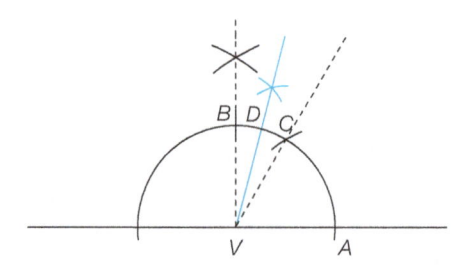

Ângulo de medida 120°

Construa um ângulo de medida 60° e marque seu suplemento. O suplemento do ângulo de medida 60° mede 120°.

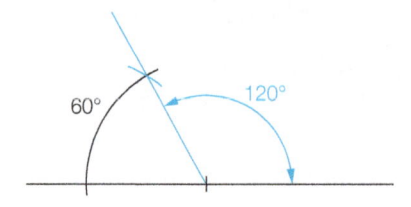

Ângulo de medida 150°

Construa um ângulo de medida 30° e marque seu suplemento. O suplemento do ângulo de medida 30° mede 150°.

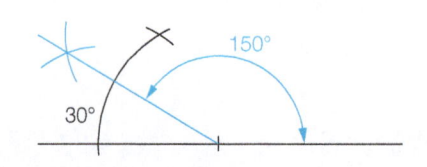

Ângulo de medida 165°

Construa um ângulo de medida 15° e marque seu suplemento. O suplemento do ângulo de medida 15° mede 165°.

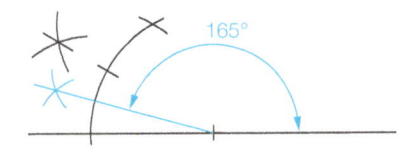

Ângulo de medida 135°

Construa um ângulo de medida 45° e marque seu suplemento. O suplemento do ângulo de medida 45° mede 135°.

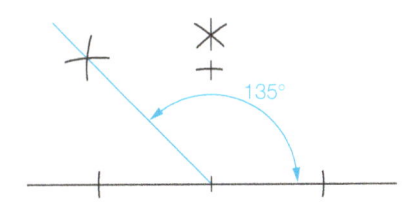

Ângulo de medida 105°

Construa um ângulo de medida 75° e marque seu suplemento. O suplemento do ângulo de medida 75° mede 105°.

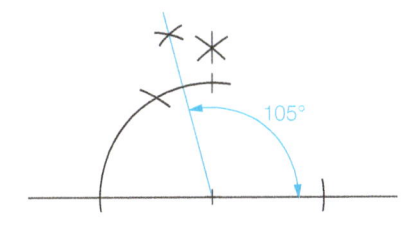

Outros ângulos obtidos pela construção de bissetrizes

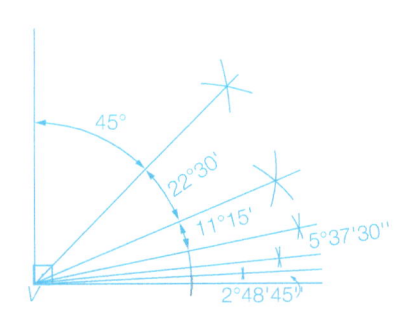

20. Divisão de segmento de reta em segmentos congruentes

I. Divisão de segmento de reta com régua e compasso

1º) Trace por A uma reta r qualquer, distinta de $\overline{AB}$.

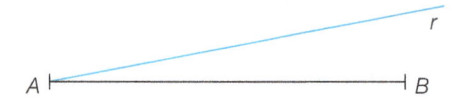

2º) Pela extremidade B, trace r' // r, transportando α.

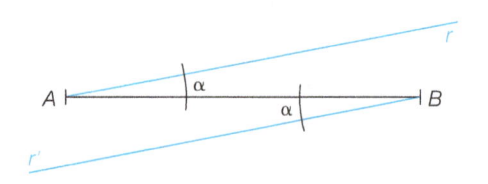

3º) Adote uma unidade de medida u e marque em r e em r' 3 vezes u, a partir de A e de B, obtendo os pontos C, D, E, F, G e H.

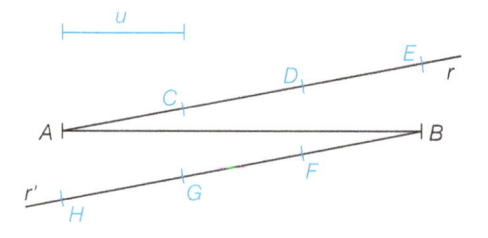

4º) Trace $\overline{AH}$, $\overline{CG}$, $\overline{DF}$, $\overline{EB}$, determinando em $\overline{AB}$ os pontos X e Y.

$$\frac{AB}{3} = AX = XY = YB$$

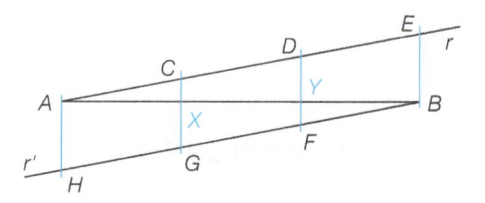

II. Divisão de segmento de reta com o par de esquadros

Basta traçar a reta r e marcar 3u em r, determinando os pontos C, D e E. Ligue E com B e trace por C e D paralelas a $\overline{EB}$.

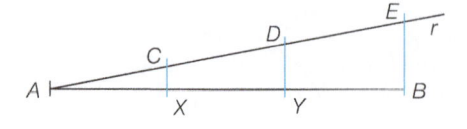

Escala

Escala numérica

escala $\dfrac{1 \leftarrow \text{desenho}}{n \leftarrow \text{real}}$ ou escala 1 : n (desenho : real)

O número 1 representa a menor das medidas.

Na escala $\dfrac{1}{10}$ a realidade é 10 vezes maior que o desenho.

Na escala $\dfrac{10}{1}$ o desenho é 10 vezes maior que a realidade.

Como calcular medidas

Dados: escala 1 : 50 e medida real 10 m (ou 1 000 cm)

$$\frac{1}{50} = \frac{x}{1\,000\text{ cm}} \Rightarrow 50x = 1\,000\text{ cm} \Rightarrow x = \frac{1\,000\text{ cm}}{50} \Rightarrow x = 20\text{ cm}$$

A medida do desenho é 20 cm.

Dados: escala 1 : 150 e medida do desenho 3,5 cm

$$\frac{1}{150} = \frac{3,5\text{ cm}}{x} \Rightarrow x = 150 \cdot 3,5\text{ cm} \Rightarrow x = 525\text{ cm} = 5,25\text{ m}$$

A medida real é 5,25 m.

Dados: medida do desenho 12,5 cm e medida real 50 m

$$\frac{1}{x} = \frac{12,5\text{ cm}}{50\text{ m}} \Rightarrow \frac{1}{x} = \frac{12,5\text{ cm}}{5\,000\text{ cm}} \Rightarrow 12,5x = 5\,000 \Rightarrow x = \frac{5\,000}{12,5} \Rightarrow x = 400$$

A escala é 1 : 400.

Dados: medida do desenho 4 cm e medida real 2 mm

$$\frac{x}{1} = \frac{4\text{ cm}}{2\text{ mm}} \Rightarrow \frac{x}{1} = \frac{40\text{ mm}}{2\text{ mm}} \Rightarrow 2x = 40 \Rightarrow x = 20$$

A escala é 20 : 1.

Escala gráfica

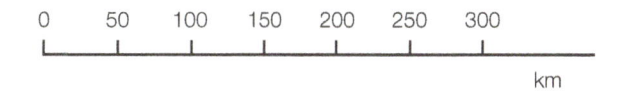

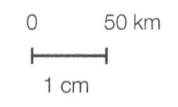

Cada 1 cm no desenho equivale a 50 km na realidade.

Equivalência de medidas

Medidas de comprimento

1 mm = 0,001 m
1 cm = 0,01 m
1 dm = 0,1 m
1 dam = 10 m
1 hm = 100 m
1 km = 1 000 m

Medidas em escala
Escala 1 : 5 000 000
1 cm : 5 000 000 cm
1 cm : 50 km (1 cm no desenho equivale a 50 km na realidade)

Medidas de ângulos
1° (um grau) = 60' (sessenta minutos)
1' (um minuto) = 60" (sessenta segundos)

Glossário

A, B, C...	Pontos (qualquer letra maiúscula).
a, b, c...	Retas (qualquer letra minúscula).
α, β, γ...	Planos (qualquer letra grega minúscula).
$\overleftrightarrow{AB}$	Reta que passa pelos pontos A e B.
$\vec{A}$	Semirreta de origem no ponto A.
$\overrightarrow{AB}$	Semirreta de origem no ponto A e que passa por B.
$\overline{AB}$	Segmento de reta de extremidades nos pontos A e B.
m($\overline{AB}$) ou AB	Medida do segmento AB.
$\hat{A}$	Ângulo com vértice no ponto A.
$B\hat{A}C$	Ângulo com vértice em A e lados AB e AC.
$\hat{a}m$	Ângulo determinado pelas retas a e m.
m($B\hat{A}C$)	Medida do ângulo com vértice em A e lados AB e AC.
α = 60°	A medida do ângulo, representada por α, é 60 graus.
0° < γ < 90°	A medida γ é maior que 0° e menor que 90°.
d(A, B)	Distância entre os pontos A e B.
d(A, r)	Distância do ponto A à reta r.
d(r, s)	Distância entre as retas r e s.
P ∈ r	O ponto P pertence à reta r.
P ∉ m	O ponto P não pertence à reta m.
a ⊂ β	A reta a está contida no plano β.
a ⊄ φ	A reta a não está contida no plano φ.
∃|r	Existe uma única reta r.
$\hat{A} \cong \hat{O}$	O ângulo A é congruente ao ângulo O.
$\hat{A} \not\cong \hat{E}$	O ângulo A não é congruente ao ângulo E.
r // s	A reta r é paralela à reta s.
s // (f, r)	A reta s é paralela à reta f com distância r.
// $\overleftrightarrow{(BJ)}$	Reta paralela à reta que passa pelos pontos B e J.

$r \times t$	A reta r é concorrente à reta t.
$m \perp b$	A reta m é perpendicular à reta b.
$d \angle f$	A reta d é oblíqua à reta f.
$h = g$	A reta h é coincidente com a reta g.
$\triangle ABC$	Triângulo com vértices nos pontos A, B e C.
$\otimes(O, r)$	Circunferência de centro em O e com raio de medida r.
$\otimes(C, CA)$	Circunferência de centro em C e com raio de medida CA.
$\overgroup{AB}$	Arco de extremidades nos pontos A e B.
$\overgroup{MPN}$	Arco de extremidades em M e N e que passa por P.
$=$	Igual.
$\neq$	Diferente.
$>$	Maior que.
$<$	Menor que.
$\geq$	Maior ou igual a.
$\leq$	Menor ou igual a.
u	Unidade de medida.
mtz	Mediatriz.
btz	Bissetriz.
/	Tal que.
$\Rightarrow$	Implica.
$\cap$	Interseção.
$\cup$	União.
$\measuredangle$	Ângulo.
∟	Ângulo reto (90°).
$\{P\}$	Conjunto dos pontos P.
$\{\ \}$ ou $\emptyset$	Conjunto vazio.

Lugares geométricos

LG-1 → ⊗(O, r)   Circunferência de centro em O com raio de medida r.
LG-2 → // (a, d)   Par de paralelas à reta a com distância d.
LG-3 → mtz ($\overline{AB}$)   Mediatriz do segmento de extremidades em A e B.
LG-4a → btz ($\hat{a}m$)   Par de bissetrizes dos ângulos formados pelas retas a e m.
LG-4b → mtz ($\overline{RS}$)   Mediatriz de $\overline{RS}$, segmento-distância entre duas retas paralelas.

Letras gregas

Maiúsculas	Minúsculas	Nome
A	α	alfa
B	β	beta
Γ	γ	gama
Δ	δ	delta
E	ε	épsilon
Z	ζ	dzeta
H	η	eta
Θ	θ	theta
I	ι	iota
K	κ	kapa
Λ	λ	lâmbda
M	μ	mi
N	ν	ni
Ξ	ξ	ksi
O	ο	ômicron
Π	π	pi
P	ρ	rô
Σ	σ	sigma
T	τ	tau
Y	υ	ípsilon
Φ	φ	fi
X	χ	khi
Ψ	ψ	psi
Ω	ω	ômega

Atividades para revisão

Testes

1 O ponto de interseção das cevianas que pode coincidir com o vértice do triângulo é:

a) baricentro no triângulo equilátero.

b) ortocentro no triângulo retângulo.

c) circuncentro no triângulo isósceles.

d) incentro no triângulo equilátero.

2 A circunferência que passa pelos vértices de um triângulo:

a) tem raio de medida igual à metade da medida do lado do triângulo.

b) tem centro no ponto médio de um dos lados.

c) tem centro no encontro das mediatrizes dos lados.

d) tem raio congruente ao lado menor do triângulo.

3 O LG dos pontos que equidistam de duas retas concorrentes é:

a) o LG-4 ou o par de mediatrizes dos lados do ângulo formado por elas.

b) o LG-2 ou o par de paralelas às retas com distância conhecida.

c) o LG-4 ou o par de bissetrizes dos ângulos formados pelas retas.

d) o LG-3 ou a reta mediatriz da distância entre as retas.

4 Os quadriláteros em que as diagonais são bissetrizes dos ângulos internos são:

a) losango e quadrado.

b) quadrado e retângulo.

c) losango e retângulo.

d) paralelogramo e quadrado.

5 Os .... podem ser classificados em isósceles, escaleno ou retângulo.

a) paralelogramos

b) losangos

c) retângulos

d) trapézios

6 Assinale a alternativa correta.

a) Os poliedros têm faces planas ou curvas.

b) Os sólidos de revolução são os que se opõem às regras das figuras geométricas espaciais.

c) Não são poliedros o cone, a pirâmide e o cilindro.

d) As pirâmides podem ter base com o formato de qualquer polígono.

7 Considere as seguintes afirmações:

I – Planificar um sólido geométrico é planejar a sua construção usando lugares geométricos.

II – Na perspectiva cavaleira uma das faces do sólido fica de frente para o observador.

III – Se todas as faces de um prisma são paralelogramos, ele é um paralelepípedo.

IV – A esfera é um sólido que não tem vértices, arestas nem faces.

Estão corretas:

a) todas.

b) II, III e IV.

c) I, III e IV.

d) nenhuma.

Desafio

Jogo duplo

Transporte as letras do quadro para o diagrama e vice-versa. A frase que aparecerá no diagrama é de autoria da personalidade cujo nome aparecerá na coluna vertical em destaque no quadro.

Quadro

Segmento de extremidades no vértice e no lado oposto do triângulo.		44	51		8	22	47	27		
Poliedro cujas faces têm vértice comum.			49	55	37	2	49	21	12	
Encontro das bissetrizes internas de um triângulo.		45	25	48	32	20	26	7	9	
Artista que criou desenhos com efeitos de ilusão de óptica.		10	4	44		57	38			
Polígono de oito ângulos.	1	48	5	9		14	20	1		
Encontro de duas retas.			6	7	34	40	48	24		
Todos os polígonos podem ser desmembrados em...	56	38	3	11	36		19	28	17	
Sólido de revolução de base única circular.	44	17	25	31						

Diagrama

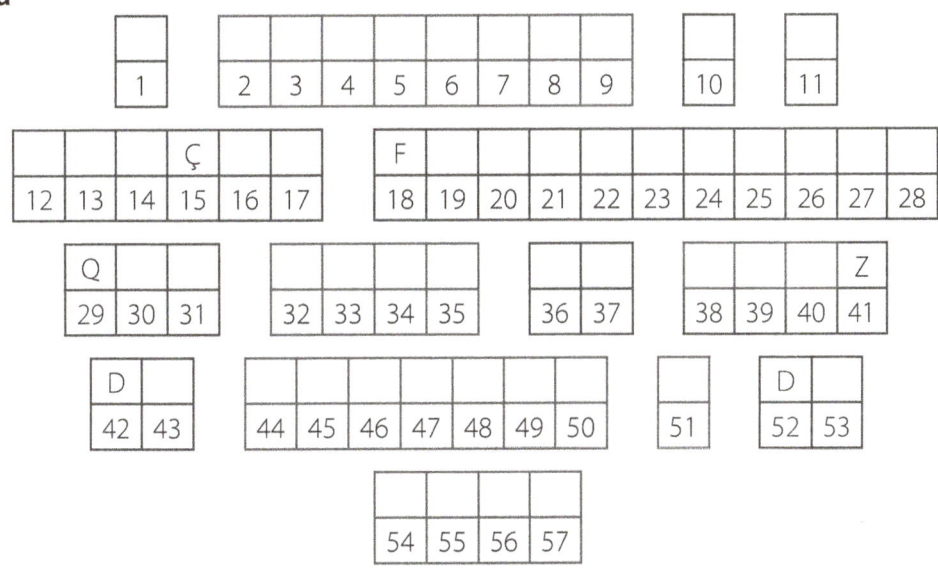

| 1 | | 2 | 3 | 4 | 5 | 6 | 7 | 8 | 9 | | 10 | | 11 |

| 12 | 13 | 14 | Ç 15 | 16 | 17 | | F 18 | 19 | 20 | 21 | 22 | 23 | 24 | 25 | 26 | 27 | 28 |

| Q 29 | 30 | 31 | | 32 | 33 | 34 | 35 | | 36 | 37 | | 38 | 39 | 40 | Z 41 |

| D 42 | 43 | | 44 | 45 | 46 | 47 | 48 | 49 | 50 | | 51 | | D 52 | 53 |

| 54 | 55 | 56 | 57 |

Referências bibliográficas

BARBOSA, Ruy Madsen. *Descobrindo padrões em mosaicos*. São Paulo: Atual, 1993.

BECK, Sergio. *O livro de estrelas do excursionista sonhador*. São Paulo: Edição do Autor, 2001.

BIENBENGUT, Maria Salett. *Número de ouro e secção áurea*. Blumenau: FURB, 1996.

_____. SILVA, Viviane Clotilde da; HEIN, Nelson. *Ornamentos × criatividade:* uma alternativa para ensinar geometria plana. Blumenau: FURB, 1996.

BONGIOVANNI, Vincenzo Campos; SADDO, Tânia M. M. Almouloud. *Descobrindo o Cabri-Gèométre*. São Paulo: FTD, 1997.

BOYER, C. *História da Matemática*. São Paulo: Blucher, 2010.

BRASIL. Ministério da Educação. Secretaria de Educação Básica. Diretoria de Currículos e Educação Integral. *Diretrizes Curriculares Nacionais da Educação Básica*. Brasília: MEC/SEB/Dicei, 2013.

_____. Ministério da Educação. *Base Nacional Comum Curricular*. Brasília, DF: 2017. Disponível em: <http://basenacionalcomum.mec.gov.br/abase>. Acesso em: 29 mar. 2019.

CÂNDIDO, Suzana Laino. *Formas num mundo de formas*. São Paulo: Moderna, 1997.

COLL, Cesar; TEBEROSKY, Ana. *Aprendendo personagens*. São Paulo: Ática, 2000.

DUARTE, Ruth de Gouvea. *A água nossa de cada dia*. São Paulo: Ícone, 1998. (Coleção Voando alto).

FILHO, Adonias. *Leonardo da Vinci:* o homem da Renascença. São Paulo: Ediouro, s/d. (Coleção Os grandes personagens e a História).

FORSLIND, Ann. *Desenhos* – jogos e experiências. São Paulo: Callis, 1998.

FUNARI, Raquel dos Santos. *O Egito dos faraós e sacerdotes*. São Paulo: Atual, 2001. (Coleção A vida no tempo).

HOWARD, Eves. *Tópicos da história da Matemática para uso em sala de aula* – Geometria. São Paulo: Atual, 1996.

IMENES, Luiz Márcio Pereira; JAKUBO, José; LELLIS, Marcelo Cestari Terra. *Geometria*. São Paulo: Atual, 1992. (Coleção Pra que serve a Matemática?).

IMENES, Luiz Márcio. *Geometria das dobraduras*. São Paulo: Scipione, 1992.

_____. *Semelhança*. São Paulo: Atual, 1992. (Coleção Pra que serve a Matemática?).

_____. *Proporções*. São Paulo: Atual, 1992. (Coleção Pra que serve a Matemática?).

MACHADO, Nilson José. *Polígonos, centopeias e outros bichos*. São Paulo: Scipione, 1994. (Coleção Vivendo a Matemática).

_____. *Medindo comprimentos*. São Paulo: Scipione, 1994. (Coleção Vivendo a Matemática).

_____. *Semelhança não é mera coincidência*. São Paulo: Scipione, 1999. (Coleção Vivendo a Matemática).

PUTNOKI, José Carlos. *Geometria e Desenho Geométrico*. São Paulo: Scipione, 1991.

SMOLE, Katia; DINIZ, M. Ignez. *O conceito de ângulo e o ensino da Geometria*. São Paulo: IME/USP, 1996.

SMOOTHEY, Marion. *Atividades e jogos com círculos*. São Paulo: Scipione, 1998.

_____. *Atividades e jogos com ângulos*. São Paulo: Scipione, 1997.

_____. *Atividades e jogos com triângulos*. São Paulo: Scipione, 1997.

_____. *Atividades e jogos com quadriláteros*. São Paulo: Scipione, 1997.

_____. *Atividades e jogos com formas*. São Paulo: Scipione, 1997.

_____. *Atividades e jogos com escalas*. São Paulo: Scipione, 1998.

ZASLAVSKY, Claudia. *Jogos e atividades matemáticas do mundo inteiro*. Porto Alegre: Artmed, 2000.